Wir sind nicht ALLEIN!

Igor und Grichka **Bogdanov**

Wir sind nicht ALLEIN!

Leben im Universum

Aus dem Französischen übersetzt von
Sabine Grimm

INHALT

Gegenüber: Eine Kolonie „ atmosphärischer Schwebkörper" treibt in den Wolken eines Jupiter-ähnlichen Gasriesen in mehreren tausend Kilometern Höhe. Diese bildliche Darstellung zeigt Lebewesen, die sich dank ihrer aufblasbaren Struktur auf einem bestimmten atmosphärischen Niveau halten können, indem sie den Druck im Innern ihrer Hülle steuern.

Doppelseite 2/3, links: Auf dieser beeindruckenden Fotografie sind die zentralen Regionen des Schwanennebels (katalogisiert als M17) zu sehen, der 5500 Lichtjahre entfernt im Sternbild Schütze funkelt. Diese Gegend ist die Wiege neuer Sterne, die gerade erst geboren wurden und noch von ihrem Gaskokon umgeben sind, der aus einer kalten und dunklen Wasserstoffwolke herausleuchtet. Der Bereich, den man auf diesem Bild sieht, ist etwa 3500-mal größer als unser Sonnensystem.

Vorwort

Faszinierende Forschungsreise

Seitdem die Menschen das Weltall nicht mehr nur als ein im mystischen Nebel verborgenes Reich unheimlicher Mächte betrachteten, beschäftigte sie die Frage, was sich denn wirklich dort – jenseits ihres Erfahrungshorizonts – abspielen könnte, und ob außerhalb der Erde etwa auch Leben möglich sei. Aber erst die Entwicklung der modernen Astronomie- und Raumfahrttechnik erlaubte einen tiefer gehenden Blick in die Weiten des Universums, und die Suche nach diesem außerirdischen Leben konnte systematischer angegangen werden. Dabei konzentriert sich das öffentliche Interesse bis heute vor allem darauf, wie es nun steht um unsere so lange für unverrückbar gehaltene Einmaligkeit im Weltall. Existieren vielleicht irgendwo uns ähnliche Wesen? Eine regelrechte Jagd auf weit entfernte Planetensysteme begann. Aus jedem Wackeln oder „Wobbeln" eines Sternes wurde auf ihn umkreisende Planeten geschlossen oder Spektralanalysen sollten Hinweise auf vom Leben abgesonderte Gase liefern – wegen der unglaublich großen Entfernungen dominieren solch indirekte Methoden die Suche nach erdähnlichen Planeten. Kein Teleskop kann uns derzeit eine direkte Ansicht eines fremden Sonnensystems zeigen, in dem sich eine Chance für das Leben bieten würde. Diese Situation eröffnet so ein weites Feld für Spekulationen.

Mit dem Fortschreiten der Astrophysik offenbarte sich Schritt für Schritt auch die Entstehungsgeschichte unserer Erde. Aus den Erkenntnissen dieser Forschung wiederum erhielten wir neue Einsichten über die Bedingungen, unter denen Leben im Weltall entstehen konnte: Nach der Explosion eines ausgebrannten Sterns bildete sich aus den Überresten seiner Asche unser Planetensystem. Dabei verdichteten sich die Sternreste zu Planeten und im Zentrum zu einem neuen Stern – zu unserer Sonne. Die Masse war hier groß genug, um durch Verdichtung erneut die Fusion der Atomkerne zu erzwingen. Ohne den Energiespender Sonne ist Leben nur schwer möglich, und auch der Abstand der Erde zur Sonne ist für die Entstehung von Leben wichtig. Eine Annäherung um nur fünf Prozent ließe das lebenswichtige Wasser verdampfen oder – bei entsprechendem Wegdriften – zu ewigem Eis gefrieren. Auch unser Mond spielt für die Existenz von

Doppelseite 6/7: Titan, ein Trabant des Saturns, ist über eine Milliarde Kilometer von der Erde entfernt. Unter dem dichten Himmel dieser verlorenen Welt ist es fast völlig schwarz, und die Temperatur ist mit –180 °C sehr niedrig. Die ersten Fotos, die am 14. Januar 2005 von der Raumsonde Huygens bei ihrem zweieinhalbstündigen Eintauchen in die Atmosphäre aus Stickstoff und Methan aufgenommen wurden, zeigen eine feste Oberfläche mit Rillen, die an Kanäle erinnern. Man geht davon aus, dass es sich bei den mächtigen schwarzen Flüssen dieses seltsamen Planeten um flüssiges Methan oder Kohlenwasserstoffe handelt. In den folgenden Jahren werten Wissenschaftler die neu gewonnenen Informationen über den mysteriösen Trabanten aus, dessen Atmosphäre der unseres Planeten in seiner Urform erstaunlich ähnlich ist. Dank dieses eisigen Mondes wird man vielleicht besser verstehen, wie die ersten Formen von Leben auf der urzeitlichen Erde entstanden.

Gegenüber: Unsere Galaxis, die Milchstraße, umfasst mindestens 250 Milliarden Sterne. Diese künstlerische Darstellung zeigt die riesige galaktische Scheibe mit einem Durchmesser von etwa 100 000 Lichtjahren. Die Spiralarme leuchten im Licht junger, heller Sterne. Unsere 4,5 Milliarden Jahre alte Sonne liegt am Rand des Orion-Arms, 30 000 Lichtjahre vom Mittelpunkt der Galaxis entfernt.

Leben auf unserer Erde eine entscheidende Rolle: Ohne seinen über die Gravitationskraft zwingenden Einfluss würde die Erde auf ihrer Umlaufbahn um ihre eigene Achse herumtorkeln. Klimatische Regelmäßigkeiten und damit konstante Bedingungen wären nicht vorhanden – die sind jedoch eine weitere Voraussetzung für die Entstehung von Leben.

Dieses Wissen haben wir vor allem durch die Beobachtung der anderen Planeten unseres Sonnensystems ausbauen können. Heute jedoch suchen wir nach fremden Planetensystemen, die sich weit entfernt in der Tiefe des Universums verbergen. Warum sollten die Prozesse, die zur Entstehung unseres Sonnensystems führten, nicht auch an anderer Stelle, irgendwo im Weltraum, abgelaufen sein? Denn die Sterne leben nicht ewig. Sie brennen aus, explodieren, und aus ihrer Asche kann sich unter bestimmen Bedingungen ein neues Planetensystem bilden. Ein Vorgang, der relativ häufig zu beobachten ist, denn im Universum gibt es Abermilliarden Sterne in unterschiedlichen Existenzformen, darunter aussichtsreiche Kandidaten auch für ein dem unseren ähnlichen Sonnensystem. Schon in unserer Milchstraße glauben einige Theoretiker in solchen Planetenkonstellationen sogar andere Zivilisationen antreffen zu können – und das immer wieder im jeweiligen Abstand von 1000 Lichtjahren.

Das Universum wird regelrecht nach solchen Inseln des Lebens durchmustert. Allerdings weisen die dabei gesammelten Daten oft nur auf riesige Gasplaneten hin oder auf Planeten mit sehr lebensfeindlichen Umlaufbahnen. Eine andere Erde wurde noch nicht entdeckt.

Doch vielleicht existieren ja auch völlig andere Lebensformen auf diesen Planetenmonstern, über die wir keine Vorstellung haben? Der Fantasie sind dabei keine Grenzen gesetzt. Und das ist ja das Spannende an dieser Forschung: Mit den gefundenen Daten lassen sich völlig andere Welten herbeizaubern, in denen überraschende Vorgänge ablaufen und über die immer wieder neue Spekulationen möglich sind. Einen Einblick in diese aufregende Forschungswelt gewährt das vorliegende Buch.

Dr. Joachim Bublath

Seite 11 oben: Zum Zeitpunkt des Urknalls war das gesamte Universum auf einen einzigen Punkt konzentriert. Die Materie war so dicht, dass sich selbst das Licht nicht frei bewegen konnte: Das Universum war also dunkel. Im Lauf der folgenden Phasen fügte sich die Materie des Universums zu einer sehr dicken „kosmischen Suppe" zusammen. Dank der physikalischen Erfahrungen mit energiereichen Partikeln bildeten die Wissenschaftler in ihren Laboratorien die fantastischen Bedingungen nach, die in den Anfängen des Universums herrschten. Nach der Bildung der Protonen und Neutronen und deren Kämpfen mit der Antimaterie in Form von Positronen blieb wegen der deutlichen „Vorliebe" der Natur für die Materie lediglich ein geringer Überschuss an Materie. Danach kam eine „friedlichere" Phase. Protonen und Neutronen begannen sich zu leichten Atomkernen zu vereinigen. Nur Deuterium (schwerer Wasserstoff), Helium und eine sehr geringe Menge Lithium wurden zu jener Zeit gebildet. Während der ersten drei Minuten glich das Universum einer riesigen thermonuklearen Anlage. Nach der dritten Minute hörten die Reaktionen auf und ließen ein Universum aus Wasserstoff, Deuterium, Helium und etwas Lithium zurück. Heute noch besteht das Universum zu etwa 75 % aus Wasserstoff und 25 % aus Helium, hinzu kommen einige Spuren schwererer Elemente.

Unten: Auf diesem neuartigen Kompositbild der Raumsonde Galaxy Evolution Explorer (GALEX) und des Spitzer-Weltraum-Teleskops werden die vielen „Facetten" unserer großen Nachbargalaxie Andromeda dargestellt. Man entdeckte junge und heiße Sterne von großer Masse, die hier blau erscheinen, während die relativ alten Sternansammlungen durch grüne Punkte gekennzeichnet sind. Der leuchtend gelbe Punkt in der Mitte der Galaxie deutet einen Bereich mit einer besonders großen Dichte an alten Sternen an. Die roten Streifen in der Scheibe der Galaxie, die Spitzer sichtbar macht, entsprechen staubhaltigen und kälteren Regionen, bei denen es vermehrt zur Akkretion von Sternen kommt: Sternengebilde sind noch in Gas- und Staubwolken eingehüllt, die in sich zusammenfallen, bevor sie die zukünftigen Sterne hervorbringen. Die rosa Punkte bezeichnen die Regionen, in denen Ansammlungen heißer Sterne mit großer Masse und gleichzeitig kältere, staubumgebene Sterne vorhanden sind. Die etwa 2,2 Millionen Lichtjahre entfernte Andromeda ist die größte Galaxie in unserer Nachbarschaft: Insgesamt misst ihre Scheibe über 260 000 Lichtjahre. Zum Vergleich: Die Scheibe unserer Galaxis (siehe Doppelseite 6/7 und Seite 88) hat einen Durchmesser von „nur" 100 000 Lichtjahren.

Oben und links: Auf dem Mars, dem „Roten Planeten“, der in einer Entfernung von etwa 200 Millionen Kilometern um die Sonne kreist, sucht man unermüdlich nach Spuren von Leben. Bis heute fand man in seinem Sand nur Mineralienverbindungen und Kieselsteine, keinerlei Organismen. 1976 kam man nach Auswertung der ersten Viking-Sonden zu dem Schluss, dass bei den sehr niedrigen Temperaturen auf dem Mars, die bis auf –150 °C fallen können, keinerlei Leben möglich ist. Inzwischen sind jedoch immer mehr Wissenschaftler der Meinung, dass sich Mikroorganismen, die anders geartet sind als die, die wir auf der Erde kennen, sehr wohl an die feindlichen Bedingungen auf dem Mars anpassen könnten. Warum? Weil man in sehr kalten Gegenden nahe der Erdpole, wo die Temperaturen bei

–40 °C liegen, eine kleine Bakterie, Acetobacter peroxidans, fand, deren Zellen nicht wie salzhaltiges Wasser, sondern ein Wasserstoffperoxid-Wasser-Gemisch enthalten, eine Lösung, die bis –56 °C flüssig bleibt. Dies erklärt die ungeheure Kälteresistenz dieser Bakterie: Die Zellen eines Organismus´, dessen Stoffwechsel auf Wasserstoffperoxid basiert, überstehen die niedrigen Temperaturen, bei denen die meisten Organismen, wie sie auf der Erde vorkommen, zerstört würden. Daher nehmen viele Exobiologen an, dass Acetobacter-ähnliche Bakterien im gefrorenen Sand des Planeten Mars vorkommen könnten. Ziel der Phoenix-Sonde, die im März 2008 auf dem Mars landete, war es, den arktischen Boden des Planeten einen Meter tief aufzugraben, um dort Hinweise auf eventuelle Spuren vergangenen oder gegenwärtigen Lebens zu finden.

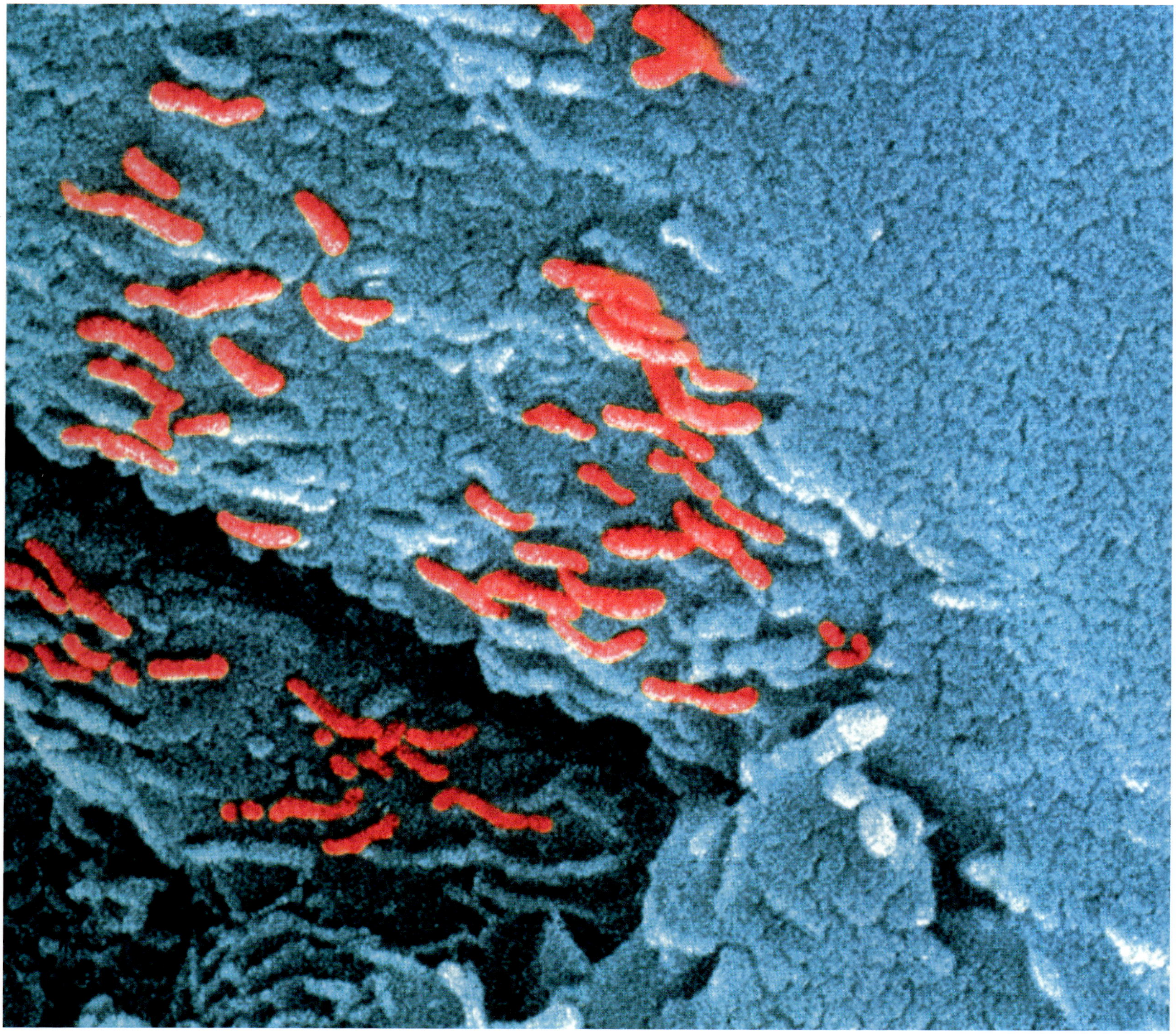

Oben und rechts: Das linke Foto zeigt möglicherweise fossile Marsbakterien, die im letzten Jahrhundert auf einem Meteoritenfragment vom Mars gefunden wurden. Am 27. Februar 2001 erklärte ein Team des Ames Center der NASA, es habe auf diesem Felsfragment den Beweis gefunden, dass sich auf dem Mars kurz nach seiner Entstehung vor etwa 4,5 Milliarden Jahren eine Form primitiven Lebens entwickelt habe. Man habe nämlich im Felsgestein Einschlüsse von Magnetitkristallen gefunden, die in langen Reihen angeordnet waren.
Auch beim berühmten – und ebenso umstrittenen – Fragment des Marsmeteoriten ALH 84001, der 1984 entdeckt wurde (rechtes Foto), sind Wissenschaftler der Ansicht, solche Ketten hätten sich in organischem Milieu (wie vielleicht Bakterien) bilden können, das die Gesamtstruktur der Kristalle aufrechterhielt. Verwirrend ist, dass die Magnetitkristalle denen gleichen, die man in Bakterien findet, die heute auf der Erde leben. Dieses Foto könnte also die fossile Spur von Leben auf dem Mars zeigen, das erlosch, nachdem es sich über Hunderte Millionen Jahre auf dem „Roten Planeten" entwickelt hatte.

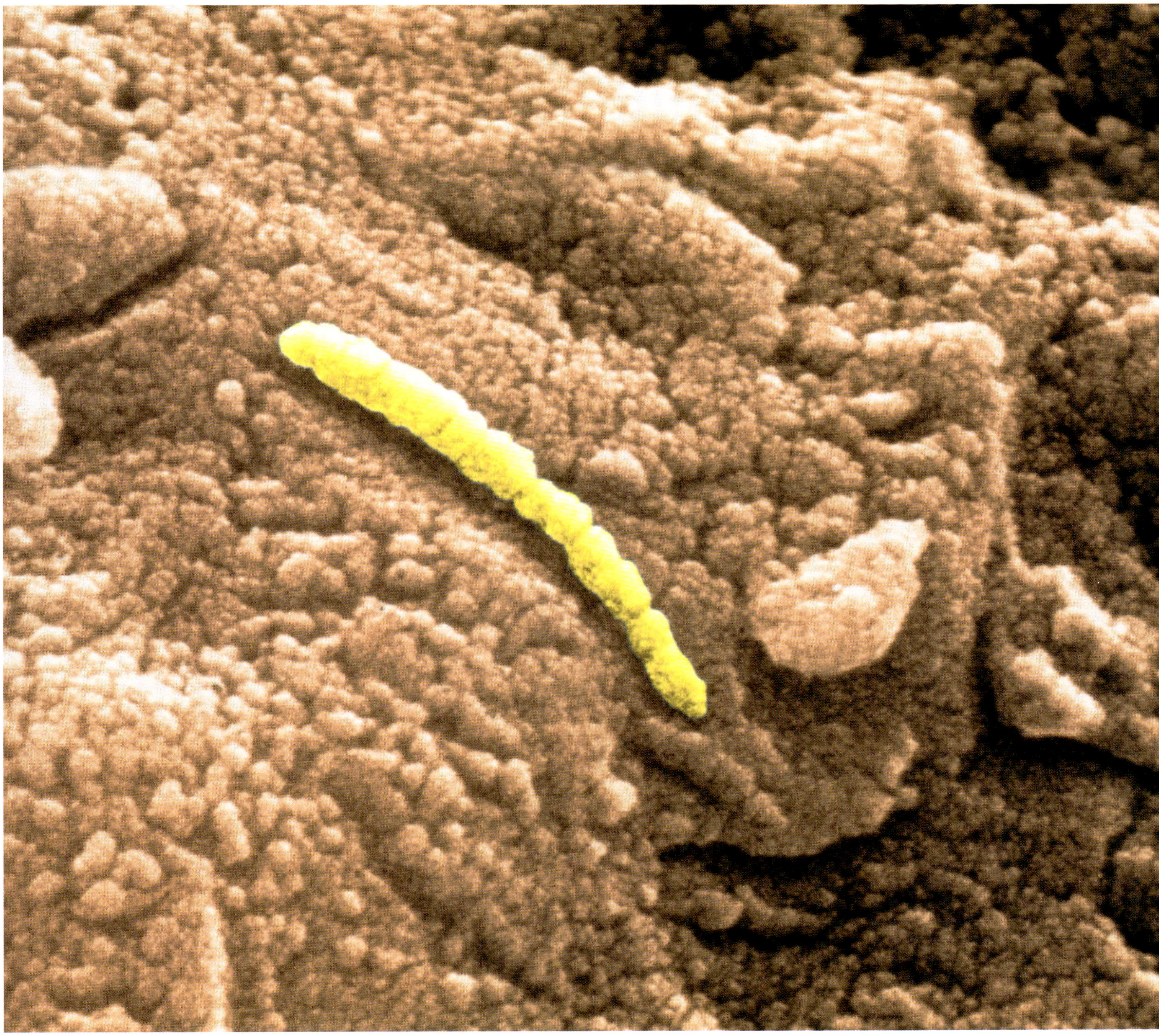

Was also sind die physikalischen Voraussetzungen für
die Entstehung von Leben?

Einführung

Herausforderungen der Astronomie

Die Geschichte des Lebens im Universum lässt vier Stufen erkennen. Die erste ist die *kosmische Phase*. Sie beginnt mit dem Urknall, bei dem von der ersten Sekunde an Zeit und Raum frei werden, bevor im Lauf der ersten Millionen Jahre die sagenhafte uranfängliche Energie in Materie und Sterne verwandelt wird. Während dieses ersten Aktes kann dank der riesigen Ursonnen die gesamte Bandbreite der chemischen Elemente entstehen, die wir auf der Erde kennen, insbesondere der Kohlenstoff, die Vorbedingung für Leben überhaupt und die Entwicklung von Leben.
In der zweiten, der *organischen Phase*, gibt es zwar noch kein Leben, aber es kündigt sich bereits an. Es entstehen die ersten komplexen Moleküle, organische Verbindungen, die zur Entstehung von Leben unerlässlich sind. Ein interessantes Ereignis, dessentwegen wir den Film dieser kosmischen Evolution einen Moment anhalten wollen: All diese Verbindungen basieren auf einem gemeinsamen Element, dem Kohlenstoff, dem eigentlichen „Lebensatom" und Vorbedingung für den dritten Schritt, die *präbiotische Phase*. In diesem Stadium vereinigen sich die organischen Moleküle zu den ersten Bausteinen der großen Mauer des Lebens: den Aminosäuren, den Hauptbestandteilen der Proteine. Alles ist zum Start der vierten Etappe bereit, der *urbiologischen Phase*.
Mithilfe moderner Messgeräte konnte man feststellen, dass die organischen Moleküle, die berühmten Bausteine, die für den Aufbau lebender Systeme notwendig sind, überall im Raum auftauchen: von den riesigen leeren Räumen, die die Sterne voneinander trennen, bis zur scheinbar trostlosen Oberfläche der Meteoriten.
Es wurde zwar bisher noch keine noch so primitive Form von Leben in unserem Sonnensystem entdeckt. Doch bedeutet dies nicht, dass eine Entwicklung lebender Organismen auf einem Planeten wie dem Mars oder einem Jupitertrabanten wie Europa völlig unmöglich wäre. Viele aktuelle Fotografien des „Roten Planeten" lassen in ferner Vergangenheit dort große Wassermengen vermuten. Kann es sein, dass es auch zu der Zeit, als reichlich Wasser durch die Täler des Mars floss, kein Leben gab?
Selbst wenn zukünftige Missionen im gefrorenen Untergrund des „Roten Planeten" primitives Leben oder eine präbiotische Chemie auf dem Trabanten Titan nachweisen sollten, würden solche Entdeckungen – so bedeutungsvoll sie auch wären – noch nichts über die Existenz intelligenter Wesen mit einem Bewusstsein aussagen. Sollten sich solche Wesen also irgendwo im Universum entwickelt haben, müssen wir sie anderswo suchen als in unserem Sonnensystem. Aber wo? Damit Leben aus der Materie entstehen und sich entwickeln kann, sind zwei Dinge notwendig: eine Energiequelle und ein Lebensraum, also eine Sonne und ein Planet. Wenn man zwar Sonnen zu Tausenden mit bloßem Auge am Himmel entdecken kann, so sieht es bei den Planeten doch ganz anders aus. Trotz der verblüffenden Erfolge, die in den letzten Jahren in der astronomischen Beobachtung erzielt wurden, ist es praktisch noch unmöglich, zu *sehen*, ob um die Sterne, die uns am nächsten sind, Planeten kreisen oder nicht. Bis 2008 wurden über 300 Planeten bei mehr als 250 Sternen außerhalb unseres Sonnensystems entdeckt.
Als im April 2007 das Team des Astronomen Michel Mayor zum ersten Mal in der Geschichte auf einen Planeten stieß, der diese Bedingungen erfüllte, war die ganze Welt begeistert bei der Vorstellung, dass außerirdisches Leben selbst in einer Welt außerhalb unseres Sonnensystems möglich sein könnte. Auf diesem neuen Planeten mit der Bezeichnung Gliese 581c vermutet man Temperaturen, die denen der Erde ähneln. Wenn dies zutrifft, könnte diese neue Welt, die knapp eineinhalbmal so groß ist wie die Erde, Wasser in flüssigem Zustand enthalten, Leben wäre dort möglich. Für die Astronomen wird dies die Herausforderung der kommenden Jahre sein: auf einer der „neuen Erden", wovon sie zweifellos viele in mehr oder weniger großer Entfernung zu uns entdecken werden, außerirdisches Leben eindeutig zu belegen.

Gegenüber: Am 4. April 2007 gab ein Team französischer, portugiesischer und schweizerischer Astronomen die großartige Entdeckung eines Planeten bekannt, der der Erde ziemlich ähnlich ist und um einen Stern kreist, der etwa 20 Lichtjahre von uns entfernt ist. Diese neue Welt heißt Gliese 581c. Sie ist klein und hat eine feste Oberfläche. Man ist fast sicher, dass sich dort Wasser findet, vielleicht gar riesige Ozeane. Diese neue Welt, die etwas größer ist als die Erde und etwa fünfmal mehr Masse aufweist, kreist um eine Sonne, die kleiner ist als unsere, einen Roten Zwerg mit nur knapp einem Drittel der Masse unserer Sonne. Da Rote Zwerge etwa 50-mal weniger hell leuchten als unsere Sonne (und daher sehr viel kühler sind), können ihre Planeten wesentlich dichter um sie kreisen und dabei dort bewohnbar bleiben, wo ihre Oberflächentemperatur Wasser in flüssiger Form möglich macht. Auf diesem faszinierenden Planeten, der hier bildlich dargestellt ist, herrschen also Temperaturen zwischen 5 und 40 °C. Die Gravitation ist dort etwa doppelt so stark wie auf der Erde. Ein Spaziergänger wäre also auf diesem fremden Boden nach einigen Dutzend Schritten erschöpft, weil er fast doppelt so schwer wäre. Würde er die Augen öffnen, könnte er feststellen, dass das Licht dieses Sterns wesentlich schwächer ist als das unserer Sonne. Ein dunkelroter Halo würde seine Strahlen auf eine verschwommene Landschaft aussenden, deren Details im Infrarotspektrum seinem Auge entgingen. Gliese 581c befindet sich in idealer Entfernung zu seiner Sonne, weder zu nah, sodass das Wasser

nicht verdunstet, noch zu weit, sodass es nicht gefriert. Wissenschafter gehen daher davon aus, dass sich dort Leben entwickelt haben könnte. Aufgrund der Entfernung ist diese Hypothese noch nicht überprüfbar. Sie ist aber eine wichtige Etappe auf der Suche nach außerirdischem Leben, die die Art, wie wir unser Universum, seine Entstehung und seine Bestandteile wahrnehmen, völlig verändert.

Doppelseite 18/19: Die jüngste Entdeckung des Asteroiden Sedna, der in einer Entfernung zwischen 13 und 120 Milliarden Kilometern um unsere Sonne kreist, hat die Diskussion über das Leben unter extremen Bedingungen neu entfacht. Diese bildliche Darstellung macht deutlich, dass keinerlei Organismus in einer solchen Umgebung existieren könnte: Es herrscht praktisch absolute Dunkelheit, es gibt keine Atmosphäre, und die Temperaturen liegen bei etwa –240 °C. Manche Exobiologen stellen jedoch die Hypothese auf, dass diese kleine widrige Welt durch so starke Gezeiten, wie es sie auch auf Europa, Io oder Ganymed gibt, lokal erwärmt werden könnte. Tatsächlich weiß man, dass sich die Gezeiten, die durch die enorme Anziehungskraft des Jupiter entstehen, durch so starke Erwärmungen auswirken könnten, dass Leben unter extremen Bedingungen möglich würde. Hätte also ein Planetoid, der genauso weit entfernt ist wie Sedna, selbst einen Begleiter, der Gezeiten auslöst, wäre eine Form extremen Lebens langfristig nicht völlig auszuschließen.

Die ursprünge des Lebens

Kapitel 1

Die Ursprünge des Lebens

Wie kam es, dass in ferner Vergangenheit Leben auf der Oberfläche eines kleinen Planeten erschien, der 150 Millionen Kilometer von seiner Sonne entfernt ist, die wiederum in einer Entfernung von etwa 30 000 Lichtjahren um die Mitte der Galaxis kreist, in der mehr als 200 Milliarden andere Sonnen leuchten? Aus welchem Grund verwandelte sich die unbelebte Materie der Urzeit innerhalb einiger Millionen Jahre in lebendige Substanz? Im Universum existieren über 100 Milliarden Galaxien. Die eigentliche Frage ist also, weshalb das Leben auf unserem Planeten entstand: Handelt es sich um ein einzigartiges Zusammentreffen von Ereignissen, deren gleichzeitiges Auftreten so gut wie unmöglich war? Oder könnte, was sich in grauer Vorzeit auf der Erde ereignete, auch andernorts geschehen sein, und wenn ja, in welcher Form?

Wenn wir versuchen wollen, eine Antwort auf diese Frage zu finden, müssen wir an den überaus rätselhaften Ursprung des Lebens vor 3,8 Milliarden Jahren zurückgehen: In jener fernen Vergangenheit entwickelten sich in dem riesigen urzeitlichen Ozean, der die Erde bedeckte, die ersten gemeinsamen Vorfahren all jener Arten, die die Welt viel später bevölkern sollten.

Die urzeitliche Erde

Vor etwas über vier Milliarden Jahren sah die Landschaft der Erde ganz anders aus als heute. Könnten wir uns auf unseren jungen Planeten versetzen, würden wir beim Blick zum Mond feststellen, dass dieser der Erde mindestens zehnmal näher ist als heute und dass die Gezeiten dabei 40-mal stärker sind. In dieser längst vergangenen und kaum vorstellbaren Urzeit dauerten die Tage nie mehr als zehn Stunden.

Die Atmosphäre war fast 60-mal so dicht wie heute: Die Sonne, die halb in der ursprünglichen dicken Decke versank, leuchtete wesentlich weniger hell. Der größte Teil der Erdkugel war von Ozeanen bedeckt: Zwischen den schwarzen Wellen entdeckte man lediglich vulkanische Inseln, die unentwegt Feuerfontänen in den düsteren Himmel ausstießen. Fast stündlich fielen riesige Meteoriten unvermittelt in den Ozean und warfen gewaltige Wellen zu den trüb-gelben Wolken auf. Selbstverständlich hätte man die Luft nicht atmen können: Sie bestand aus einer tödlichen Mischung aus Kohlenstoffdioxid, Methan, Ammoniak und Wasserstoff. Unter diesem drückenden Himmel war es sehr heiß, selbst nachts lagen die Temperaturen bei über 100 °C. Der Luftdruck war zehnmal so hoch wie heute, er hätte uns erdrückt, so als befänden wir uns in den Tiefen eines Ozeans: Die Bedingungen der Urzeit ähnelten stark denen, wie sie heute auf der Venus herrschen.

Die Geburt des Mondes

Die einschlagenden Meteoriten brachten nicht nur das Wasser, durch sie entstand auch der Mond, ohne den das Leben auf der Erde sich nicht so hätte entwickeln können, wie es heute existiert. Die Untersuchung von Mondgestein, das amerikanische Astronauten abtrugen, zeigte, dass die chemische Zusammensetzung des Mondgesteins sich von der des Erdbodens unterschei-

Gegenüber: Wie entstand vor Urzeiten das Leben auf der Erde? Heute scheint es wahrscheinlich, dass bestimmte astronomische und physikalische Bedingungen – die Größe unserer Sonne und der Erde, die jeweiligen Abstände zueinander, die Existenz riesiger Planeten außerhalb des Sonnensystems oder die Entstehung des Mondes – eine wesentliche Rolle spielten. Unter diesen Bedingungen entstand auf der fantastischen urzeitlichen Erde vor 4,4 Milliarden Jahren (als der Wasserdampf sich verflüssigte) bis 2,8 Milliarden Jahren (dem Zeitpunkt zu dem molekulare Biomarker eindeutig den Beginn der Photosynthese anzeigen, der Voraussetzung jeglichen Lebens) etwas Neues. Zu jener Zeit gab es auch eine ausreichende Menge stabiler Kohlenstoff-, Eisen- und Schwefelisotope, was einen biogenetischen Ursprung der Mineralien und sedimentären Stoffe vermuten lässt. Ein solches Szenario schließt die Panspermie nicht aus, die Hypothese, wonach das Leben auf der Erde außerirdischen Ursprung haben könnte und als Folge der langen Entwicklung des Universums seit dem Urknall zu sehen ist.

Oben: Die infernalische Landschaft der Urerde vor etwa 4,2 Milliarden Jahren. Zu jener weit zurückliegenden Zeit war der Himmel von gewaltigen Dampfgeysiren und giftigen Wolken bedeckt, die die Eingeweide des schmelzenden Bodens unentwegt ausstießen. Auf dieser noch leeren Welt hatte der Tag nur etwa zehn Stunden. Die Atmosphäre, ein tödliches Gemisch aus Kohlenstoffdioxid, Methan, Ammoniak und Wasserstoff, war fast 60-mal so dicht wie heute: Durch die dicke Decke der urzeitlichen Wolken schien die Sonne wesentlich weniger hell als gegenwärtig. Unter dem drückenden Himmel war es sehr heiß, selbst nachts herrschten über 100 °C. Der Luftdruck, der zehnmal höher war als heute, würde uns erdrücken, so als befänden wir uns in den Tiefen des Ozeans: Die Bedingungen auf der urzeitlichen Erde haben große Ähnlichkeit mit denen, die heute auf der Venus herrschen.

Oben: Fast stündlich tauchte ein gewaltiger Meteorit unvermittelt in den urzeitlichen Ozean und warf gewaltige Wellen zu den dunkelroten Wolken auf. Durch die unentwegten Einschläge reicherten die Kometen die ursprüngliche Atmosphäre der Erde nach und nach an: Die Masse von Kometen besteht zu 80 % aus gefrorenem Wasser. Als die Kometen in großer Zahl auf der urzeitlichen Erde aufschlugen, verdampfte ihr Wasser, kühlte in den oberen Schichten der Atmosphäre ab und fiel in sintflutartigen Regenfällen auf die Erde zurück. Möglicherweise polymerisierten die Überreste der Kometen aus Formaldehyd unter der Einwirkung der ultravioletten Sonnenstrahlung und bildeten in der Stratosphäre eine Wolke aus festen Teilchen. Ammoniak wurde in Stickstoff und Wasserstoff zerlegt: Bei solchen Temperaturen (über 100 °C) verläuft die Reaktion sehr viel schneller als die Freisetzung auf der Erde, und der Wasserstoff verflüchtigte sich im Raum. Seither besteht die Atmosphäre zu 80 % aus Kohlenstoffdioxid, 5 % aus Methan und 5 % aus Stickstoff. Die durch das Kohlenstoffdioxid sauren Sintfluten kühlten die giftige Luft allmählich ab, gleichzeitig griffen die Karbonate, die bei den sauren Reaktionen frei wurden, die Silikate auf der Erde an und ließen nach und nach feste Stoffe entstehen, die die Kohlensäure banden: zum Beispiel Kalkstein. Während des Wechselspiels aus Regengüssen und globaler Abkühlung sank der Luftdruck allmählich auf die uns vertrauten Werte ab.

Was führte nun dazu, dass **„etwas" entstand**
und die anorganische Materie zu **lebender Materie** wurde?

det; insbesondere ist der Eisengehalt unseres Trabanten niedriger. Der Mond kann also nicht ausschließlich aus Materie entstanden sein, die sich aus der Erde löste.

Tatsächlich soll unser wunderbarer Trabant durch eine gewaltige Kollision der Urerde mit einem sehr großen Protoplaneten entstanden sein. Der Aufprall soll etwa 4,3 Milliarden Jahre zurückliegen. Berechnungen zufolge war der Asteroid, der auf unsere Welt aufschlug, enorm, er könnte die Hälfte der Erdmasse gehabt haben, etwa die Größe des Mars. In einem ersten Schritt stürzte der riesige Asteroid auf unsere Erde zu, verdunkelte den Himmel von Horizont zu Horizont und tauchte einen Teil der Erde in Finsternis, bevor er aufschlug. Der Aufprall muss unvorstellbar heftig gewesen sein. Der eisenhaltige Kern des Asteroiden muss geborsten und in den Kern unseres Planeten, Hunderte von Kilometern ins Erdinnere eingedrungen sein, wobei er den schmelzenden Mantel auf seinem Weg zum Kern durchdrang.

Auf der Oberfläche verdampfte innerhalb von Minuten alles, Ozeane und Erdkruste. Gleichzeitig wurde aus dem Globus ein Stück herausgerissen und in eine Umlaufbahn um die Erde geschleudert. Die gigantische Kollision muss innerhalb weniger Minuten ein brennendes Gemisch aus Felsgestein, Magma und Dampf über viele tausend Kilometer ins All geschleudert haben. Diese Materie stammte sowohl aus der Erdkruste als auch aus der Kruste des Asteroiden. Dann bildeten die Überreste und der Staub innerhalb einiger Stunden, höchstens eines Tages, eine gewaltige ringförmige Wolke, die langsam um unsere Welt zu kreisen begann. Im Lauf einiger Monate nahm dieser Ring die Form einer flachen Scheibe an. Einige Jahre später waren die Überreste an einem einzigartigen Ort des Orbits allmählich kondensiert: Der Mond war geboren. Der gesamte Vorgang soll höchstens zehn Jahre gedauert haben.

Nach dieser Theorie hätte sich der Mond in unmittelbarer Nähe zur Erde in höchstens 30 000 Kilometern Höhe gebildet. Er musste damals also 15-mal größer erscheinen als heute.

Entscheidend ist, dass die Rotationsgeschwindigkeit der Erdkugel dank des Trabanten stark abnahm, wodurch ein Tag-und-Nacht-Wechsel entstand, der die Entwicklung von Leben erlaubte. Vor 4,4 Milliarden Jahren und somit kurz vor der Entstehung des Mondes betrug die Tageslänge nämlich nur knapp vier Stunden. Durch den

Oben: Vor etwa 3,8 Milliarden ersteht aus dem urzeitlichen Inferno allmählich das Leben. Was aber führte dazu, dass „etwas" entstand und die anorganische Materie zu *lebender* Substanz wurde? Hier sei daran erinnert, dass alle Formen von Leben auf der Erde einen gemeinsamen Ursprung haben. Das Verhältnis der Atome ist nämlich bei allen gleich: 62 % Wasserstoff, 27 % Sauerstoff, 8 % Kohlenstoff, 2 % Stickstoff, 1 ‰ Phosphor, 1 ‰ Schwefel, Spuren von Eisen für das Blut der Tiere, Kalzium für die Knochen der Wirbeltiere und Magnesium für das Chlorophyll. Wie wurden nun aus diesen Atomen Moleküle und schließlich erste lebende Zellen? Seltsamerweise wurde die Hypothese vom außerirdischen Ursprung einiger Bestandteile des Lebens durch neuere Forschungsergebnisse immer wahrscheinlicher. 26 000 Lichtjahre von uns entfernt entdeckten Astrophysiker in einer interstellaren Wolke im Zentrum der Milchstraße Ethylenglykol, ein organisches Molekül, das zur chemischen Familie der Zucker gehört. Es besteht aus zehn Kohlenstoff-, Wasserstoff- und Sauerstoffatomen. Diese Entdeckung bestätigt die Theorie, wonach sich die ersten Organismen, die auf der Erde lebten, aus organischen Molekülen interstellarer Wolken bildeten, die über Kometen oder Meteoriten auf die Erde gelangten. Demnach entstanden auf dem Grund der Ozeane mit den Sulfiden, Oxiden oder Tonmineralien als Katalysatoren die ersten Aminosäuren, aus denen sich im Lauf von Millionen Jahren komplexe Formen entwickelten.

Doppelseite 28/29: Der riesige Mond, den man hier halb eingetaucht in die Uratmosphäre erkennt, hat sich vermutlich in großer Nähe zur Erde in höchstens 30 000 Kilometern Entfernung gebildet. Er musste damals also zehnmal größer erscheinen als heute. Dank dieses Trabanten verlangsamte sich die Rotation der Erdkugel stark, sodass sich ein Tag-und-Nacht-Wechsel einstellte, in dem sich Leben entwickeln konnte. Vor 4,4 Milliarden Jahren, kurz vor der Bildung des Mondes, dauerte ein Tag nur knapp vier Stunden. Darüber hinaus stabilisiert die Gravitationskraft des Mondes die Richtung der Erdrotationsachse. Wäre der Mond also nicht entstanden, hätte sich die Richtung dieser Achse immer wieder unvorhersehbar verändern können. Innerhalb weniger Monate hätten sich die äquatorialen Zonen zum Pol hin verschieben können, sodass das Wasser sicher nicht seinen flüssigen Zustand hätte beibehalten können. Zweifellos wäre dasselbe geschehen wie auf dem Mars, und Leben hätte vermutlich nicht entstehen können.

Die eigentliche Frage lautet:

Warum entstand das Leben auf unserem Planeten?

Oben: Der Urozean, der vor etwa einer Milliarde Jahren die Erde bedeckte. Die Erde ist noch leer. Cyanobakterien (Blaualgen) haben die Atmosphäre durch Photosynthese nach und nach mit Sauerstoff angereichert: Der Himmel erscheint nun blau, die Wassertemperatur ist auf etwa 30 °C gefallen. Eine genaue Messung der isotopischen Verbindungen von Sauerstoff und Silizium in urzeitlichen Gesteinen ergab nämlich, dass die Temperatur des Urozeans sehr viel höher lag, zwischen 60 und 80 °C. Diese hohen Temperaturen begünstigten sicher die chemischen Reaktionen, durch die das Leben entstand. Die Energie, die durch Vulkane frei wurde, die Stoßwellen, die durch Meteoriteneinschläge entstanden, die elektrischen Entladungen von Gewittern, die kosmischen Strahlen der jungen Sonne, die natürliche Radioaktivität der Erdkruste, die organischen Verbindungen, die von Kometen stammten und sich in den Ozeanen lösten, sowie die Wärme hydrothermaler Quellen – all diese Energieformen förderten die Synthese erster organischer Verbindungen und somit die Entstehung erster Lebensformen.

Einfluss des Mondes nahm sie allmählich zu. Zur Zeit der Dinosaurier betrug sie 21 Stunden. Heute dauert ein Tag etwa 24 Stunden, die Verlangsamung der Rotation hält an, während der Mond weiter von uns wegdriftet.
Aber damit nicht genug. Der Mond hat eine gewaltige Masse; diese Masse erzeugt aber eine Gravitationskraft, die die Richtung der Erdrotationsachse stabilisiert. Gäbe es den Mond nicht, würde sich die Lage dieser Achse durch den Einfluss der Sonne und der großen Planeten ständig unvorhersehbar und unkontrollierbar ändern. Von einem Tag auf den anderen befände sich der Äquator plötzlich am Pol, sodass nicht dauerhaft Wasser in flüssiger Form vorhanden wäre. Und dies ist sicher: Ohne flüssiges Wasser kann es kein Leben geben.

Die ersten lebenden Zellen

Dies gilt heute also als ziemlich sicher: Ohne Mond hätte sich die Erdrotation niemals verlangsamt und stabilisiert. Dann wäre auf unserer Welt das Gleiche geschehen wie auf dem Mars: Die Entwicklung des Lebens hätte womöglich nicht stattfinden können.
So jedoch tritt vor 3,8 Milliarden Jahren erstmals Leben auf. Welche Vorgänge aber führten auf unserem Planeten dazu, dass „etwas" entstand und die anorganische Materie zu *lebender* Substanz wurde?
Hier sei daran erinnert, dass alle Formen von Leben auf der Erde einen gemeinsamen Ursprung haben. Erstaunlicherweise ist das Verhältnis der Atome wie bereits erwähnt nämlich immer gleich: 62 % Wasserstoff, 27 % Sauerstoff, 8 % Kohlenstoff, 2 % Stickstoff, 1 ‰ Phosphor, 1 ‰ Schwefel, Spuren von Eisen für das Blut der Tiere, Kalzium für die Knochen der Wirbeltiere und Magnesium für das Chlorophyll.
Was geschah aber, dass diese Atome zunächst Moleküle und dann die ersten lebenden Zellen bildeten, die sich fortpflanzen und die eine sehr lange Kette beginnen konnten, die bis zu uns führt?

Das Miller-Experiment

Wir befinden uns im Jahr 1953. Zu dieser Zeit arbeitet ein junger Mann namens Stanley Miller emsig an seiner Doktorarbeit und hat dabei eine erstaunliche Idee: Er rekonstruiert in einem Glasballon eine Mischung aus Elementen, die er für die Uratmosphäre hält, die die Erde vor vier Milliarden Jahren umgab: eine Mischung aus Methan, Ammoniak und Wasserdampf.
Nach der Atmosphäre bildet Miller die Sonne jener Zeit nach. Vor vier Milliarden Jahren war die ultraviolette Strahlung der jungen Sonne sehr stark, denn die Ozonschicht hatte sich noch nicht gebildet. Gleichzeitig wurden unaufhörlich enorme Energiemengen freigesetzt: bei elektrischen Entladungen gewaltiger Gewitter, durch die kosmische Strahlung, die Meteoritenregen, die natürliche Radioaktivität der Erdkruste und Feuer, das aus Vulkanen austrat. In seinem Experiment simuliert Miller die ultraviolette Strahlung der Sonne durch eine Argon-Lampe.
Miller setzt das Gasgemisch dauerhaft elektrischen Entladungen aus und stellt nach drei Tagen fest, dass sich 95 % des Methans in organische Verbindungen verwandelt haben, die man als Nitrile (HCN, HC_3N, C_2N_2) bezeichnet und die die Grundlage für jeden Aufbau unserer Existenz bilden. Kombiniert man diese Nitrile mit Wasser, erhält man etwa zehn Aminosäuren, die Grundbausteine der Proteine, aus denen Leben entsteht – von den Mikroben bis hin zu den großen Säugetieren. Die gesamte Chemie des Kohlenstoffs basiert auf diesen berühmten Aminosäuren.
Später stellte man allerdings fest, dass die uratmosphärische Umgebung, die Miller in seinem Experiment zu simulieren versuchte, nicht realistisch war. In den 1980er Jahren kamen die Wissenschaftler zu dem gemeinsamen Schluss, dass in jener Uratmosphäre Stickstoff und Kohlenstoffdioxid an Stelle von Methan und Ammoniak vorkommen mussten.

Gegenüber, links u. rechts oben: Gegen Ende des Proterozoikums vor etwa 570 Millionen Jahren durchläuft das Leben eine spektakuläre Entwicklung. Auf den Meeresböden entstehen die ersten Organismen aus mehr als zwei Zellschichten. Diese Organismen mit weichem Körper sind bereits weit entwickelt. Die bildliche Rekonstruktion zeigt Habitate, die diese Lebewesen möglicherweise in flachen Meeresregionen aufbauten. Die Kamine könnten sich durch Sedimentation von Silikaten gebildet haben. Etwa 40 Millionen Jahre später erfährt das Leben auf den Meeresgründen eine beeindruckende Diversifikation („Kambrische Explosion"). Davon abgesehen besteht das Leben auf der Erde ausschließlich aus Mikroorganismen aus dem Meer, sehr wahrscheinlich Flechten.

Gegenüber, links u. rechts unten: Im Lauf der „Kambrischen Explosion" war das Leben im Meer von der Entwicklung unterschiedlichster Tiere mit harten Teilen geprägt: Trilobiten, Mollusken (Weichtiere), Spongien (Schwämmen), Pelmatozoen oder Chordaten. Als auffälligste unter all diesen neuen Arten erscheinen die Trilobiten: Sie hatten bewegliche Glieder, mit denen sie sich fortbewegen konnten, und waren die ersten komplexen Bewohner der Erde. In der Zeit vor 530 bis 250 Millionen Jahren bildeten die Trilobiten über 10 000 Arten aus, wovon jedoch keine überlebte. Sie waren zum Teil über 50 cm lang.

Die Zufuhr **von Energie** reicht aus, um **ein anorganisches Gemisch in einen präbiotischen Stoff** zu verwandeln.

Unabhängig von der Dosierung der Gase, die man in dem Experiment mischt, beweist dieses aber eindeutig, dass es ausreicht, Energie zuzuführen, um eine anorganische Mischung in einen präbiotischen Stoff zu verwandeln. Möglicherweise hatte man damit das fehlende Kettenglied zwischen Unbelebtem und Lebendem gefunden.

Die Panspermie

Könnte es sein, dass das Leben nicht auf der Erde, sondern im All entstand? Seltsamerweise erscheint diese Hypothese, insbesondere aufgrund neuerer Erkenntnisse, immer wahrscheinlicher. Astrophysiker entdeckten beispielsweise in einer interstellaren Wolke im Zentrum der Milchstraße, 26 000 Lichtjahre von uns entfernt, Ethylenglykol, ein organisches Molekül von besonderem Interesse: Es gehört zur chemischen Familie der Zucker und ist eines der größten organischen Moleküle, die man je im All fand. Es setzt sich aus zehn Kohlenstoff-, Wasserstoff- und Sauerstoffatomen zusammen.

Diese Entdeckung bestätigt die Theorie, wonach die ersten auf der Erde lebenden Organismen aus organischen Molekülen entstanden sein könnten, die aus interstellaren Wolken stammten. Wenn sich diese Moleküle aber im All bildeten – wie kamen sie dann auf die Erde?

Man ist heute der Ansicht, dass sie das All auf Kometen durchquerten: Als diese großen himmlischen Reisenden auf unseren Globus fielen, bereicherten sie die Uratmosphäre der Erde. Wie bereits erwähnt, schlugen vor etwa vier Milliarden Jahren viele Kometen auf der Erde auf. Sie kamen aus der Region der großen Planeten Jupiter, Saturn, Uranus und Neptun, die im Entstehen waren. Als die Kometen auf die Erde fielen, brachten sie zehnmal mehr Wasser und 1000-mal mehr Gas mit, als es heute gibt.

Das intensive Bombardement scheint nicht nur zur Menge an Kohlenstoff zu passen, die heute auf unserem Globus gemessen wird, dieses Phänomen hat auch die Uratmosphäre um organische Verbindungen bereichert. Anschließend lösten sich diese Moleküle in Wasser und reagierten miteinander, sodass komplexere Verbindungen wie Glukosen (Grundlage für Zucker oder Kohlehydrate), Aminosäuren (Bausteine der Proteine) und Fettsäuren (Basis der Fette oder Lipide) entstanden.

Der wesentliche Teil der organischen Stoffe auf der urzeitlichen Erde wäre demnach also aus dem Weltraum gekommen, zunächst, wie oben erwähnt, mit den Kometen, dann wenig später durch einen anhaltenden Regen von Mikrometeoriten. Diese winzigen, 50 bis 500 Mikrometer großen Objekte schützten die organischen Moleküle wie eine Art Minikapseln bei ihrem Eindringen in die Atmosphäre. Möglicherweise brachten sie mehr organische Stoffe zur Erde, als heute auf deren gesamter Oberfläche recycelt wird.

Man schätzt, dass selbst heute noch jährlich 20 000 Tonnen dieser interplanetaren Körner auf die Erde fallen, in denen 130 Tonnen Kohlenstoff enthalten sind – in den Anfängen der Erdzeit vor 4,2 bis 3,8 Milliarden Jahren war diese Flut jedoch 1000-mal größer. Fielen diese Mikrometeoriten in die Urozeane, kamen sie mit Wasser in Kontakt.

Vielleicht bewirkte dies die chemischen Reaktionen der organischen Stoffe: Durch Sulfide, Oxide oder Tonmineralien katalysiert, entwickelten sich auf dem Grund der Meere die ersten Aminosäuren.

Falls die Bausteine des Lebens tatsächlich vom Himmel fielen, kann es im Raum entstanden sein, im Herzen der riesigen interstellaren Gaswolken, die in den Galaxien treiben. War dies der Fall, spricht nichts gegen die Vermutung, dass auch in anderen, weit entfernten Regionen, in anderen Welten, geschah, was sich vor etwa vier Milliarden Jahren auf der Erde ereignete: Die Frage wäre dann nicht mehr, ob wir allein im Universum sind, es gälte vielmehr herauszufinden, warum wir bisher keine andere Lebensform beobachtet haben.

Gegenüber: Bei der Frage nach den Ursprüngen des Lebens ist die Beobachtung der Trümmer der Supernova, die 1987 in der Magellanschen Wolke explodierte, von großer Bedeutung. Man weiß nämlich, dass zu den für das Leben notwendigen Elementen Atome wie Kohlenstoff, Sauerstoff, Eisen u. a. gehören. Die Wolke, die die Überreste des Sterns umgibt, weist eine große Menge an Elementen auf, die schwerer als Wasserstoff oder Helium sind. Man findet darin insbesondere Eisen, Magnesium und Silikate, kostbare Verbindungen der belebten Substanz. Man geht davon aus, dass die Sterne der Population I, deren Gehalt an metallischen Stoffen hoch ist, etwa 10 % der Sterne unserer Galaxis ausmachen.

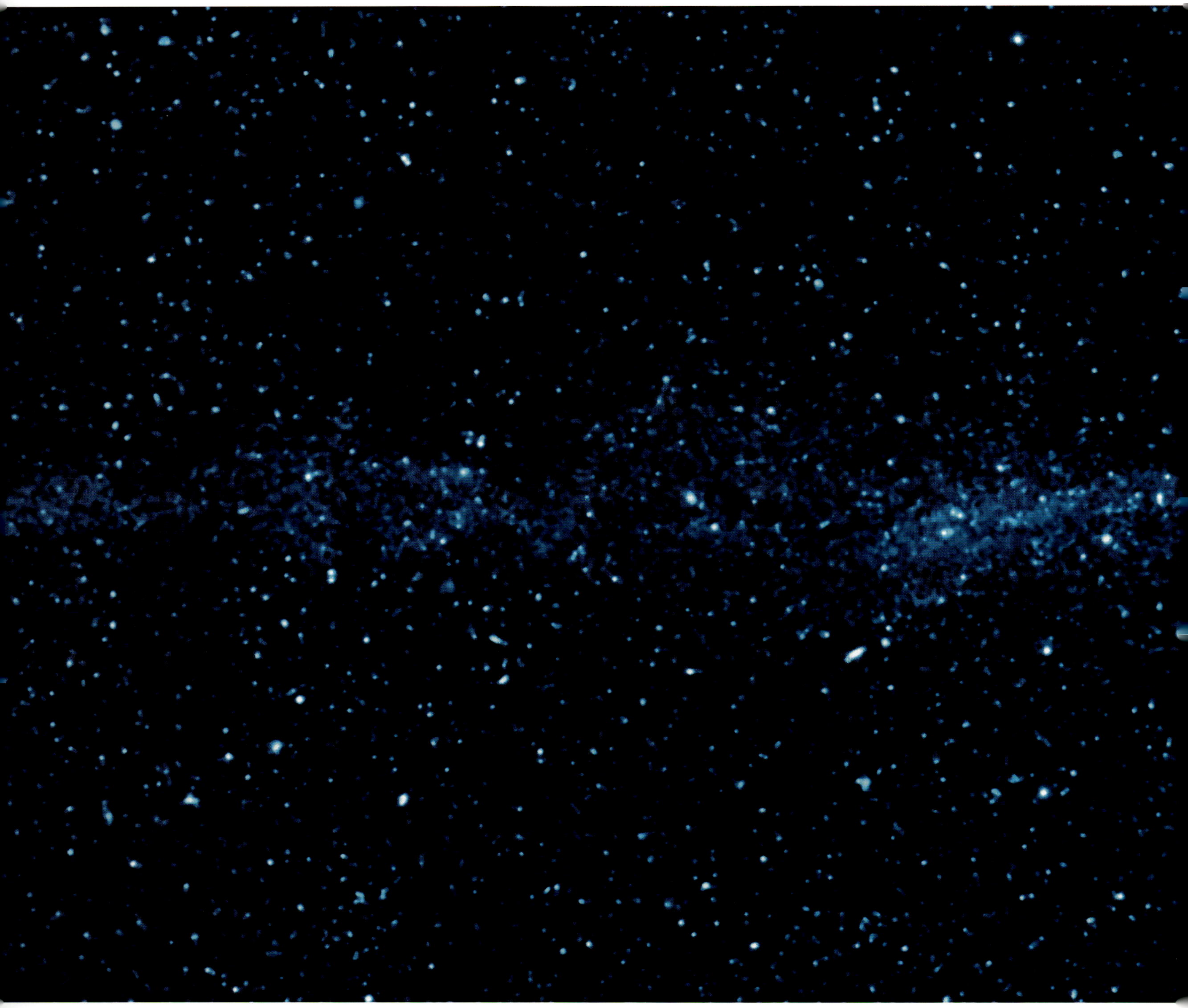

Oben: Hier sieht man eine außergewöhnliche Himmelserscheinung, die Auskunft darüber geben könnte, wie sich schwere Elemente im interstellaren Raum verbreiten. Vor Milliarden Jahren glich der Stern Mira unserer Sonne. Nach und nach dehnte er sich aus und wurde schließlich zu einem veränderlichen Roten Riesen, einem Stern, dessen Leuchtkraft so groß werden kann, dass er trotz seiner gigantischen Entfernung mit bloßem Auge zu sehen ist. Mira hat den Großteil der Elemente, aus denen sie bestand, in den Weltraum geschleudert und erscheint nun als lange, prächtig leuchtende Krone, die einem Kometenschweif ähnelt. Dieser Nebel aus Staub wird sich mehr und mehr verflüchtigen und nur das Herz des ursprünglichen Sterns zurücklassen, der zu einem Weißen Zwerg geworden ist. Die Materie, die Mira in das All geblasen hat, bildet einen 13 Lichtjahre langen Schweif, das entspricht der 20 000-fachen Entfernung zwischen Pluto und unserer Sonne. Dieses erstaunliche Phänomen, das man nie zuvor beobachtete, führte möglicherweise zur Verbreitung von schweren Elementen und Aminosäuren, die für Leben im interstellaren Raum Voraussetzung sind.

Doppelseite 38/39: Wunderbare Ansicht des Nachthimmels, die sich uns vom Boden eines hypothetischen Planeten bieten könnte, der um einen von Spitzer ausfindig gemachten Stern mit der Bezeichnung HD69830 kreist. Von der Oberfläche dieser Welt aus erscheint der Asteroidengürtel dieses Sonnensystems 25-mal heller und größer als der Asteroidengürtel unseres eigenen Systems. Wenn man den Himmel in einer mondlosen Nacht von der Erde aus beobachtet, kann man das schwache Leuchten erkennen, das von den Staubpartikeln unseres Asteroidengürtels reflektiert wird. Dieses als „Zodiakallicht" bezeichnete Leuchten erscheint bei Sonnenaufgang und -untergang als schmales helles Band über dem Horizont. Wie bereits erwähnt, spielte der Asteroidengürtel eine entscheidende Rolle bei der Entwicklung des Lebens auf der Erde. Ohne diese „kosmischen Vermittler" hätte unsere Erdkugel nicht durch organische Moleküle „besät" werden können, die sich in stellaren Wolken bildeten und durch Meteoriten transportiert wurden. Deshalb glauben einige Wissenschaftler, dass in Sonnensystemen ohne Asteroidengürtel Leben nicht möglich ist.

Was ist Leben?

Kapitel 2

Was ist Leben?

Seit seinem Auftreten in Form einer einfachen prokaryotischen Zelle vor 3,8 Milliarden Jahren hat sich das Leben wunderbar weiterentwickelt und bis heute etwa 100 Millionen lebende Arten – vielleicht sogar mehr – hervorgebracht. Die Zahl der Arten, die noch nicht entdeckt sind, ist nämlich geradezu schwindelerregend: man kennt nur schätzungsweise 95 % der Wirbeltiere, 10 % der Insekten und knapp 1 % der Bakterien und Viren. Die Erde ist Heimat von mindestens 100 Millionen Arten, die Leben in all seinen Formen abdecken. Tiere, Insekten, Pflanzen, Pilze und Mikroorganismen – das Leben ist überall: in der Luft, auf der Erde, aber auch am dunklen Grund der Ozeane oder unter den Eisflächen der Pole. Und es ist unglaublich vielseitig!

Die Artenvielfalt

Gibt es eine Gemeinsamkeit zwischen einem Elefanten und einem winzigen Regenwurm? Oder zwischen einem Kraken in den Tiefen des Meeres und einem luftigen Schmetterling im Mai? Und kann man behaupten, dass die riesigen Mammutbäume Amerikas, die über 100 m in den klaren blauen Himmel ragen, in irgendeiner Art den rosafarbenen Algen ähneln, die in 4000 m Tiefe in den brodelnden und schwefelgesättigten Gewässern des Ozeans wachsen? Erinnert der Panzer mancher Insekten nicht an Wesen aus einer anderen Welt? Scheinen die farbenfrohen fleischfressenden Pflanzen, die gar nicht so weit von uns entfernt wachsen, nicht auf dem Boden eines fremden Planeten entstanden zu sein? Und schließlich dieser leuchtende Fisch aus den Meerestiefen – erinnert er nicht eindeutig an ein Monster aus dem All?

Hier stellt sich eine erste Frage: Gibt es einen Grund, weshalb sich das Leben in so unterschiedlichen Formen zeigt? Noch beeindruckender ist die Vielfalt der Lebewesen, wenn man in die ferne Vergangenheit blickt. Ein Brontosaurus hat keinerlei Ähnlichkeit mit einer Biene. Ist dies reiner Zufall? Seit den Anfängen des Lebens vor etwa 3,8 Milliarden Jahren ist ein Großteil der Lebewesen, die die Erde bevölkerten, ausgestorben. Tatsächlich schätzt man, dass die Millionen Arten, die es heute gibt, kaum 1 % all derer ausmachen, die in der Vergangenheit lebten. Dies bedeutet also, dass die Erde im Lauf ihrer Geschichte zehn Milliarden unterschiedliche Arten hervorbrachte, die fast alle verschwanden.

Nun hat aber ein Elefant – wie bereits festgestellt – keinerlei Ähnlichkeit mit einem Regenwurm. Warum nicht? Hat es einen Sinn, dass die beiden Lebewesen sich so stark unterscheiden? Vielleicht. Denn es hat den Anschein, als ob das große Lebenslabor ständig neue Experimente durchführt, ohne sie zu zählen – wohl aber mit einem ganz bestimmten Ziel.

Das Tierreich

Setzen wir unsere Reise zum Maximum von Komplexität und Intelligenz fort. Über dem Pflanzenreich befindet sich das Tierreich. Hier ist alles anders, denn selbst die primitivsten Tiere können vielfältig auf ihre Umwelt reagieren. Zunächst trifft man auf sehr einfache Organismen wie die Würmer, darüber auf die Gliederfüßer: Dazu gehören

Gegenüber: Seit der Existenz einer ersten primitiven kernlosen Zelle vor 3,8 Milliarden Jahren hat sich das Leben auf der Erde in atemberaubender Weise entwickelt. Man schätzt, dass es heute etwa 100 Millionen Arten von Lebewesen gibt, vielleicht sogar mehr. Tatsächlich ist die Zahl der Arten, die noch nicht entdeckt sind, geradezu schwindelerregend. Man kennt nämlich nur etwa 95 % der Wirbeltiere, 10% der Insekten sowie knapp 1% der Bakterien und der Viren. Das Leben ist überall: in der Luft, auf der Erde, aber auch am dunklen Grund der Ozeane oder unter den Eisflächen der Pole. Vor allem ist es unglaublich vielseitig: Was haben beispielsweise ein Tyrannosaurus, ein Krake, ein Spatz und diese erstaunliche Gespenstschrecke aus dem mittleren Amazonasbecken gemeinsam?

Das Universum, das uns umgibt, könnte von Natur aus **auf das Leben und das Bewusstsein** hinstreben.

Schalentiere, Spinnentiere und Insekten, die vor 500 Millionen Jahren die Könige der Welt waren. Zwar sind eine Wespe oder eine Ameise nicht mit Intelligenz ausgestattet, aber es handelt sich bereits um Tiere, die in Gemeinschaft leben und gemeinsame „Ziele" verfolgen. Eine Stufe höher stehen die Fische. Sie sind deutlich intelligenter als ein Käfer, aber weniger intelligent als Amphibien wie Kröten oder Frösche. Setzen wir unseren Aufstieg zum Reich der Reptilien fort: Nach den Insekten herrschten sie 165 Millionen Jahre lang über die Erde, dann verschwanden sie, auch wenn einige von ihnen, wie der Velociraptor, sich zu intelligenten Wesen entwickelten. Klettert man auf der Pyramide noch höher, trifft man auf die Vögel, wovon manche, wie der Rabe oder der Papagei, auffallende Intelligenz zeigen. Fast ganz oben steht das Reich der Säugetiere. Die meisten zeigen intelligentes Verhalten: Auf der untersten Stufe stehen die Hasen, in der Mitte die Kühe, Giraffen oder Pferde und ganz oben die Katzen, Elefanten, Delfine, Hunde oder hoch entwickelten Affen. An der Spitze thront der Mensch mit der ausgeprägtesten Intelligenz.

Das Szenario der Evolution

Innerhalb der langen Kette des Lebens, deren Glieder alle Arten der Welt bilden, scheinen also die zahlreichen Evolutionsversuche – selbst jene, die zum Scheitern verurteilt sind – ihren Platz in einem zwar geheimnisvollen, aber in sich schlüssigen Szenario zu haben.

Von der primitivsten prokaryotischen Zelle bis zum Menschen scheint das Abenteuer des Lebens aus einer völlig neuen Perspektive verständlich zu werden. Könnte es sein, dass das große Laboratorium der Natur in seiner extremen Vielfalt dazu bestimmt ist, Millionen von Arten in das Spiel der Evolution einzubringen, um einer davon zu ermöglichen, Intelligenz zu erlangen? Ist die Vielfalt der Lebensformen also eine Vorbedingung für die Entwicklung zu Bewusstsein und Intelligenz? Wenn dies so wäre, geht die Zusammengehörigkeit zwischen dem

Doppelseite 44/45 und oben: Gibt es einen *Grund*, weshalb sich das Leben in so unterschiedlichen Formen zeigt? Die fantastische Vielfalt ist noch beeindruckender, wenn man in die ferne Vergangenheit blickt. Die oben abgebildeten Stegosaurier haben keinerlei Ähnlichkeit mit der Kakerlake *Blabera gigantea* auf der vohergehenden Seite. Ist dies reiner Zufall? Seit den Anfängen des Lebens vor etwa 3,8 Milliarden Jahren verschwand ein Großteil der Lebewesen, die die Erde bevölkerten. Die Millionen Arten, die es heute gibt, stellen kaum 1% all derer dar, die in der Vergangenheit lebten. Dies bedeutet also, dass die Erde im Lauf ihrer Geschichte zehn Milliarden unterschiedliche Arten hervorbrachte, die fast alle ausgestorben sind. Unter ihnen hatte der Stegosaurus die erstaunliche Fähigkeit, seine 70 cm hohen Rückenplatten zur Regulierung der Körpertemperatur einzusetzen. Er hielt sie steif, um die Sonnenenergie aufzunehmen, die ihn wärmte, oder bewegte sie, um sich Luft zuzufächeln und sich abzukühlen. Der große Unterschied zwischen dem Stegosaurus, der gegen Ende des Jura (vor 156 bis 140 Millionen Jahren) lebte und 7 m lang und 2 t schwer war, und einer Fliege, die knapp 1 g wiegt und 1 cm groß ist, zeigt, wie sich das Leben immer mehr differenziert, um seine Weiterentwicklung auf irgendeine Weise sicherzustellen.

Menschen, einer Bakterie, der Orchidee, dem Nilpferd oder dem Salamander sehr viel tiefer. Jede dieser Arten hätte unweigerlich ihren festen Platz in einem System, das nicht nur aufgrund der natürlichen Auslese hierarchisch aufgebaut ist, sondern das auf ein viel weitreichenderes Ziel hinarbeitet: das Auftreten einer dominanten Art – und mit ihr der Intelligenz – sicherzustellen.

Bis heute behauptete man immer wieder, der Mensch sei offensichtlich die einzige Art auf der Welt, die mit Intelligenz ausgestattet ist. In jüngerer Zeit zeigten jedoch einige Untersuchungen an hoch entwickelten Affen und anderen Arten, dass diese Gabe vielleicht kein absolutes Privileg des Menschen ist. Es sei beispielsweise auf einen verblüffenden Vogel hingewiesen, das bevorzugte Versuchstier von Professorin Irene Pepperberg. Er lebte frei in seinem Versuchsraum und begab sich nur nachts in seinen Käfig. Und er konnte erstaunliche Leistungen vollbringen, die mit Zirkusvorführungen nichts gemein hatten: Der Papagei Alex hatte die Bezeichnungen von 40 Gegenständen oder Tätigkeiten, sieben Farben und fünf Formen gelernt. Er konnte ja und nein sagen, konnte Wörter kombinieren, um Gegenstände zu bezeichnen, Fragen zu stellen, etwas abzulehnen, zu ordnen und zu zählen. Er konnte sogar ganze Sätze bilden. Hier zeigte sich Intelligenz bei einem Wesen, das kein Mensch war. Fast könnte man glauben, man habe es mit einem Außerirdischen auf der Erde zu tun.

Wenn nämlich außer unserer eigenen auch weitere Formen intelligenten Lebens aus der Evolution der Erde entstehen konnte, haben wir allen Grund zur Annahme, dass dieses Phänomen auch andernorts auftrat, auf anderen Planeten, die der Erde mehr oder weniger ähnlich sind. Das Universum, das wir beobachten, wäre also nicht nur ein riesiges physikalisches System aus Sternen und Planeten, sondern auch – und vor allem – eine verblüffende hierarchische Ordnung, die die unbelebten Moleküle unweigerlich zur Intelligenz führt. Das Universum, das uns umgibt, würde also von Natur aus Leben und Bewusstsein anstreben – von den einfachsten Molekülen bis zu den komplexesten Systemen.

Dann wäre also nur eine Winzigkeit notwendig, um das Abenteuer des Lebens selbst in den unwirtlichsten Umgebungen in Gang zu setzen. Es stellt sich die Frage: Sind die Grenzen, in denen sich das Leben, wie wir es kennen, entwickeln kann, tatsächlich für alle Lebensformen unüberwindlich?

Dieser Meteor war nämlich ein Raumschiff.
[...] das Raumschiff, das uns von Glantok, unserer Welt, hierher gebracht hatte.
Das Raumschiff war für Eure Verhältnisse extrem klein, aber auch wir sind klein. Winzig. Submikroskopisch.
Und wir sind Myriaden. [...] zusammen gleichen wir einer Flüssigkeit.
Ihr könnt uns als eine Art **INTELLIGENTEN VIRUS** ansehen.

[Eric Franck Russell, *Impulse*]

Gegenüber: Der Rote Uakari ist ein kleiner Primat, der in den lakustrischen Wäldern des mittleren Amazonasgebiets lebt. Diese vom Aussterben bedrohte Art fällt durch ihre Intelligenz auf: Manche Tiere zeigten sich erstaunlich anpassungsfähig und waren in der Lage, Werkzeuge herzustellen.

Könnte es sein, dass **das große Laboratorium der Natur** in seiner extremen Vielfalt dazu bestimmt ist, Millionen von Arten in das Spiel der Evolution einzubringen, um eine Spezies mit **Intelligenz auszustatten?**

Oben: Von der anmutigen Leopardenmuräne (links oben) bis zur grauenerregenden Vogelspinne Trinidads (unten rechts) nimmt das Leben die unterschiedlichsten Formen an. Nach neueren Untersuchungen scheint die große Vielfalt bei den Organismen unterschiedlicher Arten zu einem schnelleren Fortschreiten der Evolution in ihrer Gesamtheit beizutragen. Die extremen Unterschiede, die diese seltsamen Chamäleonfische (unten links und oben rechts), die sich kaum von ihrer Umgebung abheben, im Vergleich zu anderen Lebensformen aufweisen, könnten die allgemeine Evolution aller auf der Erde lebenden Tiere vorantreiben, da sie eine große Variable in die Population der Lebewesen einbringen.

Gegenüber, links oben: Der eigentümliche Axolotl verbringt sein gesamtes Leben als Larve: Er verwandelt sich nie in eine erwachsene Form und pflanzt sich im Larvenstadium fort. Außerdem verfügt das Tier über die Fähigkeit, jedes seiner Organe nachwachsen zu lassen. Wird eine Pfote, ein Auge oder ein anderes Organ beschädigt oder zerstört, regeneriert es sich innerhalb weniger Tage. Was noch erstaunlicher ist: Er ist in der Lage, auch bestimmte Teile seines Gehirns zu erneuern. Wegen seiner außergewöhnlichen biologischen Fähigkeiten dient der Axolotl den meisten Exobiologen als perfektes Beispiel, um die Struktur und die Entwicklung eventueller außerirdischer Organismen verständlich zu machen.

Rechts oben und links unten: Die meisten Pflanzen beziehen über ihre Wurzeln Energie aus nahrhaften Substanzen (Mineralsalzen), die im Boden enthalten sind. Fleischfressende Pflanzen entwickelten sich in sehr karger Umgebung, moorigen Böden, Torflöchern oder auch auf hoch gelegenen Felsplatten. Da solche Böden nicht ausreichend Mineralsalze enthalten, mussten diese Pflanzen andere Möglichkeiten der Nahrungsaufnahme „suchen". Sie passten sich daher an und wurden Fleischfresser: Ihre Fähigkeit, Insekten oder gar größere Lebewesen anzuziehen, zu fangen und zu verdauen, ermöglicht es ihnen, den Mangel an Nährstoffen in der Umgebung, in der sie „geboren" wurden, auszugleichen. Fleischfressende Pflanzen können praktisch alle Formen organischen Lebens verdauen: In ihren Fallen findet man kleine Eidechsen, Kröten und sogar Mäuse!

Rechts unten: Die grauenerregende Maske und das äußerst befremdliche Aussehen des in der Tiefe lebenden „Silberbeils", eines Beilbauchfischs.

Kohlenstoff gegen Silizium

Kapitel 3

Kohlenstoff gegen Silizium

Welche Gemeinsamkeiten bestehen beispielsweise zwischen einer winzigen Spinne und dem Menschen? Auf den ersten Blick keine. Und doch basieren beide Organismen, die sich in ihrem Aussehen so stark unterscheiden, auf demselben Element, das die Grundlage aller Lebensformen bildet, dem Kohlenstoff. Und darauf kommt es an. Denn alle Lebewesen der Erde enthalten Kohlenstoffmoleküle: aus Kohlehydraten, Proteinen und Lipiden. Sogar der genetische Code selbst, die berühmte DNS, der Informationsträger der Lebewesen, auf dem die Merkmale eines jeden Individuums gespeichert sind – blaue oder dunkle Augen, braunes oder blondes Haar, die Größe, das Geschlecht usw. – besteht unter anderem aus Kohlenstoffatomen. Der Lebenszyklus beruht auf dem „Kohlenstoffzyklus", der alle Reaktionen umfasst, die es den Lebewesen ermöglichen, Kohlenstoff zur Herstellung ihrer Gewebe und zur Freisetzung von Energie zu nutzen. Aber woraus besteht dieser einmalige Zyklus? Alles beginnt bei den Pflanzen. Dank des Sonnenlichts wandelt der Apfelbaum im Garten das Kohlenstoffdioxid, das Sie ausatmen, in Sauerstoff und Zucker um. Zucker enthält aber Kohlenstoff. Wenn Sie in einen Apfel beißen, wandeln Sie den Zucker, also den Kohlenstoff, in Energie um. Dabei stoßen Sie über ihren Atem Kohlenstoffdioxid in Richtung Apfelbaum aus: Unbewusst haben Sie den „Kohlenstoffzyklus" vollzogen.

Die Trümpfe des Kohlenstoffs

Der Kohlenstoff ist also die eigentliche Basis des Lebens, und zwar weil dieses Element sehr leicht Verbindungen mit anderen Elementen eingeht. Jedes Kohlenstoffatom kann sich mit bis zu vier unterschiedlichen Atomen verbinden und bei jeder Kombination andere Moleküle bilden. Kohlenstoff kann sich beispielsweise mit Wasserstoff, Sauerstoff, Stickstoff oder Phosphor verbinden, Elementen, die unser Organismus benötigt. Man könnte ein Kohlenstoffmolekül mit einem Legostein mit vier Anschlussstellen vergleichen: Jedes Teil kann mit vier weiteren Teilen verbunden werden, die wiederum mit jeweils vier Teilen kombiniert werden können usw., sodass schließlich lange Ketten entstehen, die man als „molekulare Ketten" bezeichnet.

Diese Ketten sind nicht nur äußerst stabil, sondern auch sehr flexibel. Man kann die Reihenfolge ändern, indem man die Ketten durchtrennt und in anderer Kombination zusammenfügt. Kohlenstoff erlaubt alle Arten chemischer Reaktionen.

Es stellt sich jedoch die Frage: Ist Kohlenstoff das einzige Element, aus dessen Verbindungen Lebewesen aufgebaut sind? Hat die Natur keine andere Wahl? Es gibt sehr wohl ein Atom, das auf der Erde reichlich vorkommt und ein weiterer Kandidat sein könnte. Dieser andere „Lebensstoff" ist Silizium, ein sehr einfaches und im Universum weit verbreitetes Element. Der Sand der Strände besteht beispielsweise aus Silizium. Und aus Sand stellt man Glas her. Wie Kohlenstoff kann auch Silizium vier Verbindungen mit anderen Atomen eingehen. Ein Legostein aus Silizium würde ebenfalls lange molekulare Ketten bilden, allerdings mit einer gravierenden Einschränkung: Anders als die Kohlenstoffketten, aus denen jedes

Gegenüber: Damit mehrere Bedingungen zusammentreffen, die Leben im Universum begünstigen, muss sich der Planet in einem solchen Abstand zum galaktischen Zentrum befinden, dass die Umlaufgeschwindigkeiten der Sterne und der galaktischen Arme gleich sind. Die Sonne, die sich in der „galaktischen Ökosphäre" befindet, hat den Arm des Schützen vor 4,6 Milliarden Jahren gekreuzt und wird den Arm des Perseus in 3,3 Milliarden Jahren berühren. Die Sterne, die am weitesten vom galaktischen Zentrum entfernt sind, kreisen langsamer um die Galaxie als die Spiralarme und kreuzen diese daher häufiger. Die Sterne, die sich näher am Zentrum befinden, kreisen schneller um die Galaxie als die Arme, was sich in ähnlichen Kreuzungshäufigkeiten niederschlägt. Kreuzt ein Stern einen Spiralarm, besteht für ihn ein erhöhtes Risiko, zur Zielscheibe der Strahlung explodierender Supernovae zu werden, was katastrophale Folgen haben kann. Diese Beispiele zeigen, dass die Geschichte des Lebens auf der Erde aufs Engste mit der des Universums als Ganzem verknüpft ist. Von den ersten Augenblicken, die auf den Urknall folgten, startete die primordiale Materie einen langen und unwiderruflichen Aufstieg zur Komplexität. Von den einfachsten Partikeln zu den Makromolekülen und komplexesten Organismen scheint die Evolution der Materie physikalischen Gesetzen zu folgen, die unweigerlich zum Leben führen. Insofern scheint das Leben ein globales, universelles und unausweichliches Phänomen zu sein, das untrennbar mit der kosmischen Evolution zusammenhängt.

Element problemlos herausgelöst werden und an anderer Stelle wieder eingefügt werden kann, sind die Siliziumketten so fest, dass sich die einzelnen Elemente nur sehr schwer wieder voneinander trennen lassen. Silizium erlaubt also nicht die zahllosen Reaktionen, die das Leben in der Form, wie wir es auf der Erde kennen, voraussetzt. Als Beweis mag diese fast schon triviale Feststellung dienen: Weder Mensch, noch Hund, Pferd, Regenwurm, Fisch oder Spinne können sich von Sand ernähren.

Unter der Herrschaft des Siliziums

Da aber eine solche Möglichkeit nicht völlig auszuschließen ist, wollen wir den Gedanken kurz fortführen. Wie könnte ein Leben auf der Grundlage von Silizium wohl aussehen?
Zunächst würde es die Temperaturen auf der Erde eher schlecht aushalten. Denn sein Stoffwechsel würde nur zwischen 100 und 1415 °C gleichmäßig funktionieren, bei höheren Temperaturen schmilzt Silizium. Hätten wir die Möglichkeit, einen hypothetischen Planeten zu erforschen, auf dem das Leben sich auf der Grundlage von Silizium entwickelt hat, könnten wir herrliche Quarzebenen bewundern, die hohe Kristallberge säumten: eine bizarre Landschaft, deren sämtliche Elemente seltsam „lebendig" wären. Die Atmosphäre, die im Wesentlichen mit Benzol gesättigt wäre, wäre dicht, sehr heiß, und der Druck auf den Untergrund gliche dem, der auf dem Grund der tiefsten Ozeane herrscht.
Allerdings weiß man, dass dieses Element ein eher ungeeigneter Kandidat für die Entfaltung des Lebens in seiner uns bekannten Form wäre. Denn nur die Kohlenstoffatome sind geeignet, sich mit jener Leichtigkeit zu verbinden; kein anderes Atom ist besser in der Lage, lange Gitternetze zu bilden. Und da es zumindest sehr schwer vorstellbar ist, dass die außergewöhnliche Komplexität des Lebens aus weniger komplexen Molekülen hervorgehen könnte, als sie der Kohlenstoff bildet, kann man ohne allzu großes Risiko behaupten, dass die Chemie des Kohlenstoffs sehr wahrscheinlich universal ist. Ein letztes Indiz zugunsten des Kohlenstoffs: Von den 110

BEDENKE VOR ALLEM, DASS DIESE WELT DAS WERK DER NATUR IST, DASS DIE ATOME VON SELBST, SPONTAN, ALLEIN DURCH DAS ZUFÄLLIGE AUFEINANDERTREFFEN NACH TAUSEND UNGEORDNETEN BEWEGUNGEN UND EBENSO VIELEN UNNÜTZEN VERBINDUNGEN SCHLIESSLICH DIE VERBINDUNGEN EINGINGEN, DIE DIESE WUNDER HERVORBRINGEN SOLLTEN: DIE ERDE, DAS MEER, DEN HIMMEL UND DIE LEBENDEN ARTEN. DU MUSST DIR ALSO KLARMACHEN DAS SAGE ICH DIR NOCHMALS, DASS ANDERSWO ANDERE MATERIENGEBILDE ENTSTANDEN, DIE DENEN ANDERER WELTEN GLEICHEN.

[Lucretius, *De natura rerum*]

Gegenüber: Ausnahmslos alle Lebewesen sind durch einen DNS-Strang definiert. Darin liegt die geheime Information, die die Entwicklung jedes Organismus´ bestimmt. Die DNS setzt sich aus kleinen Einheiten, den Nukleotiden, zusammen: ein Zuckermolekül und ein Phosphatmolekül auf einer organischen Base. Jedes Nukleotid eines Strangs ist mit einem Nukleotid des anderen Strangs verknüpft, wodurch sich die charakteristische Form der Doppelhelix ergibt. Es gibt vier unterschiedliche Basen: Adenin (A), Guanin (G), Cytosin (C) und Thymin (T). Diese vier Buchstaben sind eine Art „Lebensalphabet": Mit ihnen wird das dicke Buch des Lebens geschrieben. Am erstaunlichsten ist jedoch, dass für jedes Individuum einer jeden Art ein eigener Bauplan existiert. Heute schätzt man beispielsweise, dass 81 Milliarden Menschen auf unserem Planeten lebten, seit die menschliche Art erstmals auftrat. Was aber verblüffend ist: Jedes dieser 81 Milliarden Individuen unterschied sich von allen anderen. Jedes Wesen ist also absolut einmalig, da in der gesamten vergangenen, gegenwärtigen und zukünftigen Geschichte des Universums nur ein einziges Exemplar seines Bauplans vorliegt und vorliegen wird.

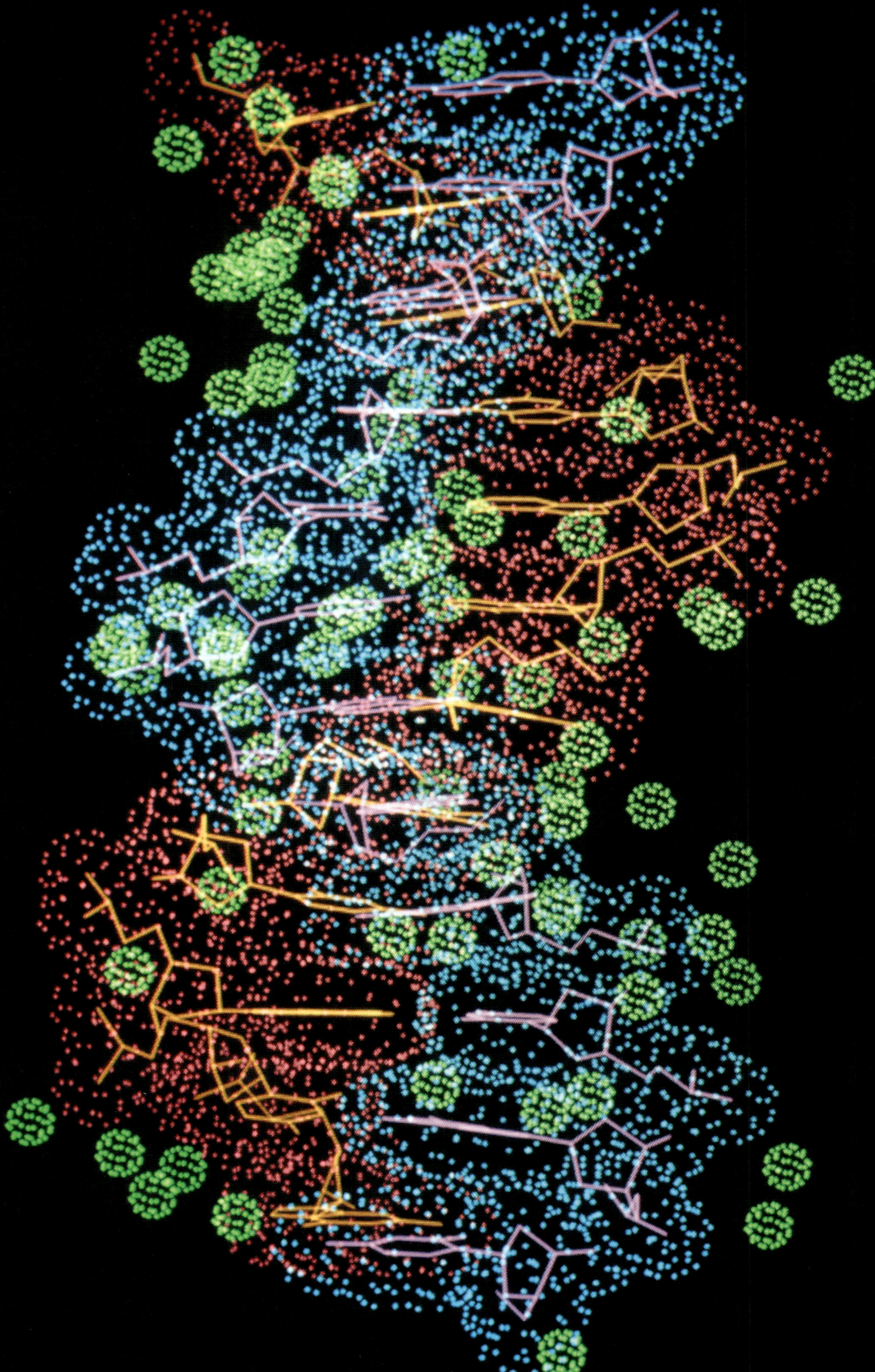

Doppelseite 58/59, oben und gegenüber: Stellen wir uns einen Planeten vor, der nur aus Siliziumketten besteht. Die Energie des Magmas in seinem Innern würde durch die Gezeiten so sehr verstärkt, dass der Riesenplanet, wie er auf der Doppelseite 58 / 59 zu sehen ist, das Wachstum sonderbarer lebendiger Kristalle hervorbrächte. In einer solchen Welt würde die Bodentemperatur zwischen 100 und 500 °C schwanken. Die größten Kristalle könnten über zehn Meter hoch werden. Überall würden wunderbare Quarzblumen zum Himmel ragen, die durch Regengüsse aus Benzol (an Stelle von Wasser) gegossen würden und je nach den im Kristall eingeschlossenen Verunreinigungen und manchmal auch – in den heißesten Zonen – je nach Temperatur unterschiedliche Farben annähmen.

Doppelseite 62/63: Die Wesen dieser fremden, auf Siliziumverbindungen beruhenden Welt hätten möglicherweise nur ein schwaches Bewusstsein. Ihr „Leben" und ihr Stoffwechsel würden extrem langsam ablaufen, sodass sie hunderttausende Jahre „dauern" könnten. Jedes „Wesen" aus Silizium würde einer Art herrlichem Kristallstrauch gleichen, der seinen Durst mit Benzol löschen und sich von Stoffen aus Silizium ernähren würde, die direkt aus dem Boden aufgenommen würden. Um die Verdauung der lebensnotwendigen Stoffe zu erleichtern, wären die sonderbaren „Wurzeln" dieser Wesen mit beweglichen Enden versehen, die die Silikatnahrung mit einer sehr korrosiven Säure bespritzten, um sie vor der Aufnahme zu verflüssigen.

Ist **Kohlenstoff** das einzige Element,
aus dessen Verbindungen **Lebewesen** aufgebaut sind?

unterschiedlichen Molekülen, die man in den interstellaren Wolken identifizierte, enthalten 83 Kohlenstoff und nur sieben Silizium.
Die organische Chemie, also die Kohlenstoffchemie ist somit allgemein verbreitet. Auch Wasser kommt im Universum reichlich vor. Es ist daher keine Utopie anzunehmen, dass auch das außerirdische Leben, falls es denn in einer primitiven oder auch entwickelten Form existiert, auf der Chemie des Kohlenstoffs und auf Wasser in flüssiger Form basiert.

Gemeinsamkeit der Lebensformen auf der Erde

Es dauerte also 3,8 Milliarden Jahre, bis die abenteuerliche Evolution, die mit den prokaryotischen Einzellern weit zurückliegender Zeiten einsetzte, den Menschen hervorbrachte, der an der Spitze der außergewöhnlichen Pyramide steht. Seit jener Zeit, als sich einige Moleküle auf geheimnisvolle Weise vermehrten und lebendig wurden, tauchten im großen Spiel des Lebens unzählige Arten auf. Milliarden davon verschwanden wieder. Und jede für sich war ein Wunder.
Wie bereits erwähnt, gibt es sehr wohl eine Gemeinsamkeit zwischen den riesigen Tyrannosauriern, die vor etwa 65 Millionen Jahren verschwanden, und winzigen Blattläusen. Diese Gemeinsamkeit ist der Kohlenstoff, ein wahres „Zaubermolekül" und Grundlage der beiden entscheidenden Bestandteile des Lebens: des genetischen Codes, der aus vier Basen gebildet wird, und der Aminosäuren.
Ein Mensch besteht aus etwa 10 000 Milliarden Zellen. Jede einzelne ist eine Art lebende Fabrik und erfüllt eine ganze Reihe höchst unterschiedlicher Funktionen: Nährstoffe aufnehmen, wachsen, Abfallprodukte ausscheiden und sich vermehren.
Jeder Organismus besteht also aus Zellen. Diese Zellen bilden sich wiederum aus Makromolekülen: den Proteinen, die die Zelle ernähren, und den Nukleinsäuren (also DNS), den Trägern der Erbinformation. Wir können Lebensmittel essen, die Kohlenstoff enthalten, da die Proteine und die Aminosäuren in unseren Zellen mit dem Kohlenstoffmolekül gebildet sind.
Eben auf diesem Molekül beruht die sagenhafte Artenvielfalt. Wenn die Kohlenstoffreihe tatsächlich die Einzige ist, die lebende Substanz hervorbringen kann, wie könnten dann Wesen aussehen, die auf anderen Planeten auftraten und eine etwas andere Evolution als die unsere durchliefen?

Von den 110 unterschiedlichen Molekülen,
die man in den interstellaren Wolken identifizierte,
enthalten 83 Kohlenstoff und nur sieben Silizium.

Gegenüber: Dieses funkelnde Bild zeigt eine kosmische „Lebensschmiede" in Aktion. Wie menschliche Familien durch das Blut verbunden sind, werden Sternenfamilien durch die Gravitation zusammengehalten. Eine Population von Sternen oder von Sternhaufen kann Hunderte oder Tausende von Mitgliedern haben. Die Aufnahme stammt vom Spitzer-Weltraum-Teleskop, das diesen Sternhaufen der südlichen Schlange erforscht, der aus einer relativ dichten Gruppe 50 junger Sterne besteht: 35 davon sind Protosterne oder „Sternenbabys", die noch im Entstehen sind. Die einzelnen Sterne des Sternhaufens in der südlichen Schlange sind als grüne, gelbe und orangefarbene Punkte auf der dunklen Staubwolke zu erkennen, die durch die Mitte des Bildes verläuft. Wie Regentropfen entstehen diese Sterne, wenn sich die dicken kosmischen Wolken „abregnen". Die grünen Färbungen zeigen heißen Wasserstoff, der angeregt wird, wenn das Gas, das die Sternenbabys mit großer Geschwindigkeit ausstoßen, auf das kalte Gas der sie umgebenden Wolke trifft. Diese sehr jungen Sterne erschienen in einer Umgebung, die reich an schweren Elementen (Eisen, Zink usw.) ist, was vermuten lässt, dass sie sich zur Bildung eines Systems junger Planeten eignen. Diese Hypothese scheinen die roten Spuren im Hintergrund zu bestätigen: Es handelt sich dabei um organische Moleküle, „polyzyklische aromatische Kohlenwasserstoffe", die durch die Strahlung der Sterne angeregt werden. Diese Beobachtung könnte als weiteres Indiz gegen Lebensformen auf der Basis von Siliziumketten dienen.

Leben unter extremen Bedingungen

Kapitel 4

Leben unter extremen Bedingungen

Vor etwa 30 Jahren entdeckte man, dass das Leben sehr viel weiter gehen kann, als man es für möglich gehalten hatte: Lebewesen können unter Bedingungen und in Umgebungen gedeihen, die man immer für lebensfeindlich hielt. Konnte man sich beispielsweise vorstellen, dass Mikroben sich praktisch überall auf der Erde ausbreiten, sogar in den unwirtlichsten Umgebungen? Von den Polkappen bis zu den submarinen hydrothermalen Quellen, in den Wüsten, den hypersalinen Seen, sauren Gewässern, im Innern der Erdkruste: Es scheint keine Umgebung zu geben, die die Verbreitung von Leben unterbindet.

Die Skurrilitäten der Extremophilen

Die Organismen im Grenzbereich normaler Lebensräume bezeichnet man als „Extremophile". Sie entwickeln sich in Umgebungen mit Bedingungen, unter denen keine anderen Lebewesen bestehen können. Hätte man je geglaubt, dass Mikroben auf den radioaktiven Wänden von Kernkraftwerken leben können? Wie gelingt es ihnen, dort zu gedeihen, wo Leben so schwer vorstellbar ist? Es gibt beispielsweise ein kleines Tier, ein Bärtierchen, eine Art Spinne, die auf bemoosten Dächern lebt. Wenn im Sommer die Sonne scheint, erreichen die Moose Temperaturen von über 50 °C, im Winter können die Temperaturen hingegen auf –20 °C absinken.

Neugierige Biologen wurden auf die Spinnentiere aufmerksam und sagten sich, dass Tiere, die solche extremen Temperaturen aushalten können, vielleicht auch anderes überleben. Also misshandelten sie sie und unterzogen sie der Gefriertrocknung: Sie setzten sie dem fast perfekten Vakuum einer Quecksilberpumpe aus. Dabei verschwindet das Wasser Molekül für Molekül, und es bleibt ein völlig ausgetrockneter Klumpen zurück. Das Bärtierchen wird auf eine kleine schwarze Masse reduziert, in der selbst ein leistungsfähiges Mikroskop keinerlei Zellstruktur mehr erkennen kann.

Damit nicht genug. In diesem Zustand nahm man das Bärtierchen und tauchte es in flüssige Luft mit einer Temperatur nahe des absoluten Nullpunkts – etwa –270 °C. Darin beließ man es zwei Monate, dann holte man es heraus und legte es auf ein feuchtes Löschpapier. Es ist verblüffend: Nach einer halben Stunde blies es sich auf, bewegte die Beine und lief davon, um in einiger Entfernung sein Leben als Bärtierchen fortzusetzen.

Das Leben passt sich an alles an

Nicht nur bei mikroskopisch kleinen Wesen trifft man auf Merkwürdigkeiten. Was soll man über den Koala sagen, dieses sonderbare Tier, das so kuschelig aussieht? Entgegen aller Erwartungen lebt dieses niedliche Bärchen ausschließlich von reinem Eukalyptus, der für jedes andere Tier stark giftig ist. Nur der Koala ernährt sich – je nach Tageszeit – von über 40 Eukalyptusarten. Und da die Verdauung dieses Gifts enorm viel Energie kostet, schlafen Koalas 18 bis 20 Stunden pro Tag. Dieses Tier, das Spielberg zu seinen „Gremlins" inspirierte, ist fast schon ein Außerirdischer, der sich in unsere Welt verirrt hat.

Gegenüber: Ammoniakseen, zugefrorene und völlig isolierte unterirdische Höhlen, brodelnde Schwefelquellen, Natronflüsse, radioaktive Mauern ... – ausnahmslos Umgebungen, in denen jede Art von Leben unmöglich erscheint. Und doch sind manche Wesen fähig, in solchen extremen Umgebungen zu überleben: Was soll man zu jenen Bakterien sagen, die in äußerst sauren schwefeligen Quellen gedeihen, deren Temperaturen über 100 °C liegen? Wie gelingt es ihnen, regelmäßig die H+-Ionen auszustoßen und ihren intrazellulären pH-Wert konstant bei 7 % zu halten? In der Tat gehören diese „Extremophilen" zu den sehr merkwürdigen Familien lebender Organismen, die in der Lage sind, sich unter Bedingungen oder in Umgebungen zu entwickeln, von denen man bisher annahm, sie seien für das Leben völlig ungeeignet. Zwar gehören die meisten dieser Organismen zu den Bakterien, aber nicht alle sind Bakterien. Solche Lebensformen sind wegen ihrer Fähigkeit, sich an extreme Umgebungen anzupassen, nicht nur für die Wissenschaft interessant. Sie dienen uns auch als erstaunliche Beispiele, mit deren Hilfe wir vielleicht verstehen können, wie sich das Leben außerhalb der Erde entwickelt hat.

All dies zeigt, dass das Leben sich an die unvorstellbarsten Bedingungen anpassen kann. In 3000 m Tiefe, wohin kein Sonnenlicht mehr durchdringt, in der Nähe jener „Schwarzen Raucher", vulkanischer Quellen, die 350 °C heiß aus dem Meeresboden sprudeln, gibt es mehr als nur Bakterien: ein ganzes Ökosystem, eine merkwürdige Fauna, in der man insbesondere Riesenmuscheln und über 2 m lange Würmer findet. Dabei ist der Druck in solchen Tiefen 200-mal höher als an der Oberfläche. 250 °C und ein um 200-mal höherer Druck – dies sind exakt die Bedingungen, die auf der Oberfläche des Planeten Venus vorherrschen.

Hydrothermale Quellen

Hydrothermale Quellen, die an submarine Geysire erinnern, bestehen aus kräftigen Strömen blubbernden Wassers, die in stark vulkanischen Gebieten an die Oberfläche der Tiefsee sprudeln. Unter dem Schub vulkanischer Aktivität reißt die ozeanische Erdkruste auf und lässt das Meerwasser in die Spalten eindringen. Dort durchläuft es eine Art submarines Stollensystem. Auf seinem Weg erwärmt sich das Wasser und reichert sich mit einer großen Menge chemischer Substanzen wie Schwefelwasserstoff, Uran, Blei und Kadmium an, die für die Lebensformen, die wir auf der Erde kennen, ausnahmslos sehr giftig sind.

Am Ende ihrer submarinen Irrfahrt tritt die hydrothermale Flüssigkeit schließlich durch die ozeanische Tiefseeplatte wieder aus: Sobald sie mit dem 4 °C kalten Wasser in Kontakt kommt, fällt die Temperatur sofort ab. Im weiteren Verlauf kondensieren die chemischen Elemente zu dicken Wolken aus schwarzem Rauch, die über 400 °C heiß werden können.

Nach und nach bilden die chemischen Elemente, die aus der ozeanischen Platte emporschießen und stets etwa an denselben Stellen ausfallen, kegelförmige Schornsteine, die die Höhe eines zehnstöckigen Hochhauses erreichen können. An den Außenwänden dieser gigantischen „Schwarzen Raucher" siedelt sich jene äußerst fremdartige Fauna an, die in einer anderen Welt, unter unvorstellbaren Druckverhältnissen, fernab vom Licht und jeglicher Sonnenenergie gedeiht.

Das Leben im Bereich dieser Quellen

Als man 1977 diese sonderbaren „Schwarzen Raucher" entdeckte, wurden die Wissenschaftler mit vielen Fragen bestürmt, vor allem aber mit folgender: Welcher Mechanismus sorgt dafür, dass der Lebenszyklus in Lebensräumen, die völlig von der Außenwelt abgeschnitten sind, in so üppiger Form aufrecht erhalten wird, zumal die absolute Dunkelheit in solchen Tiefen Photosynthese völlig unmöglich macht? Solange man nämlich davon ausging, dass der Nahrungszyklus ausschließlich unter dem Einfluss der Sonnenenergie ablaufen kann, sorgten die Lebensformen der Tiefsee, die unter Bedingungen gediehen, die sich grundlegend von denen an der Oberfläche unterscheiden, für allgemeine Verwirrung: Erstmals hatte man außerirdisches Leben auf unserer eigenen Welt gefunden.

Tatsächlich sind Bakterien die ersten Glieder einer bis dahin völlig unbekannten Nahrungskette. Statt Sonnenenergie durch Photosynthese umzuwandeln nutzen die Bakterien, von denen es rund um die „Schwarzen Raucher" wimmelt, die geothermische Energie, die durch Chemosynthese aus den heißen Quellen hervorgeht: Sie nehmen die verschiedenen chemischen Elemente auf, die durch die kochenden Flüssigkeiten vermischt werden, um ihr Wachstum und ihr Überleben zu sichern. Damit beginnt die Nahrungskette. Denn anschließend dienen die Bakterien selbst als Energiequelle für andere Organismen, Meereswürmer, kleine Krabben, Fische usw. So bildete sich im Lauf der Zeit ein komplettes Ökosystem in dieser Umgebung, die so wenig mit den Lebensräumen gemein hat, die wir auf der Erde kennen.

All dies zeigt, dass **sich das Leben an die unwahrscheinlichsten Bedingungen anpassen kann.**

Oben: Worin unterscheidet sich der Baum (oben rechts) von dem Felsen, auf dem er wächst? Der Felsen ist unbelebt, während der Baum wächst und sich vermehren kann. Von einem belebten Organismus kann man also sprechen, wenn es sich um ein Gebilde handelt, das fähig ist, seinen Zustand und seine Funktionen zu erhalten. Dieses Gebilde pflanzt sich geschlechtlich oder ungeschlechtlich fort. Es wächst und entwickelt sich, bezieht Energie aus seiner Umwelt und scheidet Abfallprodukte aus. Dabei kann es seine Entropie dank seines Aufbaus konstant halten oder gar verringern. Es reagiert auf Reize und passt sich an. Stellen wir uns also folgende Fragen: Ist das Leben eine notwendige und somit banale Erscheinung oder handelt es sich, wie Jacques Monod meinte, um einen außerordentlichen Zufall? Könnte es Organismen geben, deren chemische Grundlagen völlig anders sind als die, die wir auf der Erde kennen? Was dies betrifft, geben die extremen Umgebungen auf der Erde, in denen sich dennoch Leben entwickeln kann, wertvolle Beispiele. In der Salzwüste von Uyuni in Bolivien (rechts unten) gelang es einer Bakterie, sich in den hypersalinen Sedimenten zu entwickeln, indem sie die Sulfate abbaute und so die Wirkung dieser salzgesättigten Umgebung hemmte. Diese erstaunliche Fähigkeit scheint an ein bestimmtes Gen gekoppelt zu sein. Vergleichbare genetische Merkmale ermöglichen anderen Bakterienarten das Überleben in gefrorener Umgebung (links unten) und vielleicht auch in einer anderen Welt (links oben).

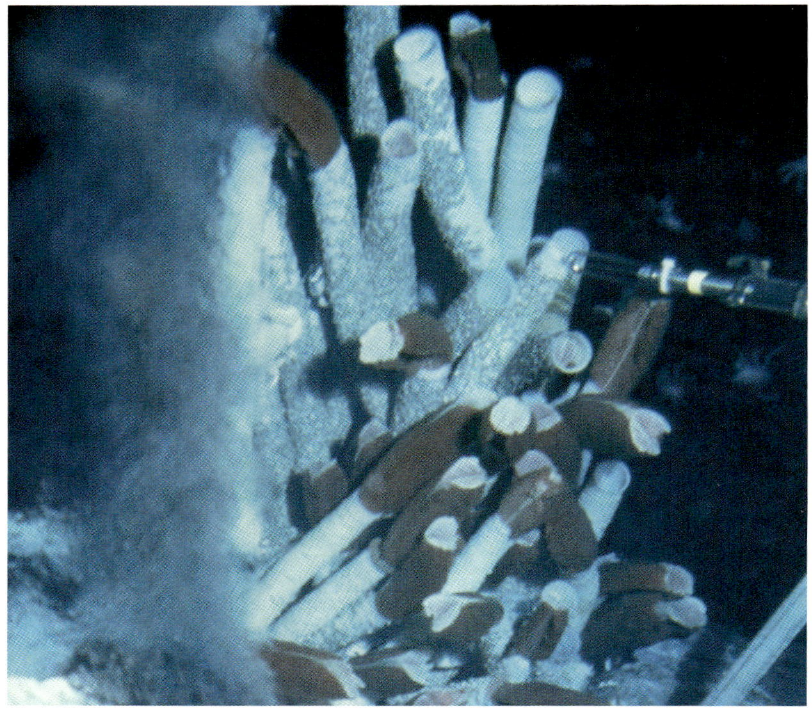

Oben: Diese Wirbellosen ohne Skelettstruktur, die irrtümlich zu den Quallen gezählt werden (linkes Foto), sind statt mit Nesselzellen mit „Lassozellen", den Colloblasten, ausgestattet. Damit fangen sie Planktonmasse, vornehmlich Ruderfußkrebse, aber auch kleinere Rippenquallen, ein. Die Tiere, die unterschiedliche Gestalt haben, bewegen sich mithilfe kurzer Schaufeln, die in Reihen am transparenten, geleeartigen Körper sitzen, langsam im Wasser fort. An einem Ende befindet sich der Mund. Viele Rippenquallen haben Tentakeln, mit denen sie ihre Beute fangen können. Wirklich erstaunlich ist aber ihre Fähigkeit, die Größe ihres Organismus´ zu verkleinern und sich an Ausnahmebedingungen anzupassen, sodass sie über einen Monat ohne jegliche Nahrung auskommen. Ein Röhrenwurm (rechtes Foto) lebt in 2600 m Tiefe. Er kann anscheinend mehrere hundert Jahre alt werden.

Unten: Diese Kolonien von Würmern (rechts) und Tiefseehummern (links) leben in großer Tiefe bei hohen Temperaturen in der Nähe hydrothermaler Quellen.

Oben: Dieser merkwürdige submarine Schornstein wird als „Schwarzer Raucher" bezeichnet. Es handelt sich um hydrothermale heiße Quellen, die die Meeresböden mancher Regionen bedecken. Die Aktivität dieser Naturerscheinungen wirkt sich in einem Umkreis von mehreren hundert Metern aus: Ein ständiger Wasserstrom sprudelt mit hoher Temperatur aus der Erdkruste unter der ozeanischen Platte. Dieses kochende Wasser ist sehr reich an Mineralien, die aus der Erdschicht herausgelöst wurden, insbesondere an Sulfiden, die die Eigenart besitzen zu kristallisieren und kegelförmige Schornsteine um die Quellen herum aufzubauen. Wenn das brodelnde Wasser auf das kalte Wasser des Ozeans trifft, fällt eine große Menge an Mineralien in Form einer schwarzen Wolke aus. Diese schwefeligen Verbindungen, die reich an Metallen sind, bilden die Nahrung für eine große Fauna, die sich in der Nähe der Quellen entwickelt. Die Schwarzen Raucher zeigen auf beispielhafte Weise, wie außerirdisches Leben ohne Photosynthese aussehen könnte (etwa in den Meerestiefen des Jupitermonds Europa).

Oben: Dieser sonderbare Krebs, dessen Panzer mit spitzen Stacheln besetzt ist, wurde am Meeresboden in der Nähe einer hydrothermalen Quelle mit der Bezeichnung NW Rota gefunden. Das Tier ist nur 5 cm lang. Es lebt in Gewässern, die reich an Schwefelsäure und anderen schwefeligen Derivaten sind. Darin entwickelt sich eine reiche Fauna, die dem Krebs als Nahrung dient.

Gegenüber, oben: Die Scherengarnele (links) kann sowohl den hohen Druck in großer Tiefe als auch den Druck an der Oberfläche aushalten. Der Koala (rechts) ist damit beschäftigt, Eukalyptusblätter, seine einzige Nahrung, zu fressen. Diese Blätter (und insbesondere die jungen Triebe) enthalten Blausäure und sind für alle anderen Säugetiere tödlich.

Gegenüber, unten: Dieses interessante Meerestier (links) lebt ausschließlich in der Umgebung hydrothermaler Quellen. Der Wurm (rechts), dessen sonderbare Erscheinung an ein außerirdisches Wesen erinnert, wurde hingegen auf einem Eisblock aus festem Methan in den tiefen Gewässern des Golfs von Mexiko gefunden. Es handelt sich eindeutig um ein extremophiles Wesen, das unter Bedingungen überlebt, die für jedes andere Lebewesen tödlich wären. Sein Lebensraum aus festem Methan lässt an außerirdische Umgebungen denken, in denen ähnliche Wesen leben könnten.

Lebensformen der Tiefsee, die Schwefelwasserstoff und andere tödliche Elemente aufnehmen, sind vielleicht gute „Muster" dafür, wie Leben **außerhalb der Erde** aussehen könnte.

Oben: Der Fischskorpion ist zwar im engeren Sinn nicht extremophil, bildet aber dennoch ein wunderbares Beispiel der Anpassung an seinen Lebensraum. Dieses Tier, das in seiner Umgebung zwischen den Korallen kaum zu erkennen ist, ist für alle anderen Lebensformen (auch den Menschen) sehr gefährlich. Es ist mit vielen äußerst giftigen Stacheln ausgestattet, deren Stiche oft tödlich sind. Man findet diesen Fisch, der auch als „Rotfeuerfisch" bezeichnet wird, in den warmen und sehr stark sauerstoffreichen Meeren der südlichen Hemisphäre.

Oben: Wohl eines der erstaunlichsten Wesen: das Bärtierchen, das nur 2 mm lang wird und die größte Widerstandskraft in der Tierwelt zeigt. Unter lebensbedrohlichen Bedingungen kann es sich nämlich mumifizieren, indem es sich buchstäblich das Wasser entzieht. In diesem Zustand ist sein Stoffwechsel völlig stillgelegt, und es hält so unvorstellbaren Bedingungen stand. Beispielsweise kann es jahrelang in flüssiger Luft mit einer Temperatur von –190 °C oder aber bei Temperaturen über 150 °C überleben. Das absolute Vakuum übersteht es ebenso wie einen enormen Druck von 30 Megapascal, dem 300-fachen atmosphärischen Druck. Selbstverständlich hält das Bärtierchen auch ultravioletter Strahlung, Röntgenstrahlen, radioaktiven Stoffen und anderen Giften stand, die für fast alle Lebewesen tödlich sind. Was noch erstaunlicher ist: Dieses Tier kann über Jahrhunderte „Winterschlaf" halten und sein Leben Tausende Jahre später fortsetzen. Im Eis der Antarktis fand man einige Exemplare im Winterschlaf. Das Alter dieses Eises schätzt man auf über 2000 Jahre. Nach diesem zweitausendjährigen Schlaf erwachten die kleinen Wesen problemlos wieder zum Leben. Von allen Wesen, die dazu beitragen, die Grenzen eines Lebens außerhalb der Erde begreifbar zu machen, ist es am höchsten entwickelt.

Oben: Diese vier hypothetischen planetaren Umgebungen zeigen extreme Lebensräume, in denen ein Wesen wie das Bärtierchen (siehe S. 77) ohne Weiteres überleben könnte. Die Vielfalt der Lebensräume auf der Erde lässt das Ausmaß der dazugehörigen Biosphäre und Artenvielfalt erahnen. Ebenso lassen die Anpassungsmechanismen, die man bei Lebewesen auf der Erde beobachtet, immer kühnere Spekulationen über Lebensformen außerhalb der Erde zu. Diese neuen Grenzen regen zu planetaren Modellen an, die vor knapp zehn Jahren noch undenkbar waren: Die Wahrscheinlichkeit eines vergangenen oder gegenwärtigen Lebens in Welten, die den oben abgebildeten gleichen, ist also beachtlich gestiegen.

Arten einer neuen Form

Diese fremdartige Umgebung brachte Lebewesen hervor, die der Wissenschaft bisher unbekannt waren. Beispielsweise jene erstaunlichen Würmer, in deren Körper es keine Verdauungsorgane gibt und die zum Überleben Bakterien brauchen, die sich wiederum nur mithilfe chemischer Elemente entwickeln können, die im Blut des Wurms enthalten sind; im Gegenzug ernähren die Bakterien „ihren" Wurm, indem sie diese chemischen Elemente in Zucker umwandeln, die ihm als Energiequelle dienen.

Doch die Arten, die die „Schwarzen Raucher" hervorbrachten, zeigen noch weitere erstaunliche Merkmale: Manche dieser submarinen Wesen sind übermäßig groß: Der Wurm *Riftia pachyptila* kann beispielsweise bis zu drei Meter lang werden, während Weichtiere wie die *Calyptogena magnifica* von Riesenmuscheln geschützt werden, die fast einen Meter breit sind.

Diese Lebensformen der Tiefsee, die seit Jahrtausenden isoliert in einer außergewöhnlichen Umgebung bestehen, die von keiner der großen geologischen Umwälzungen betroffen war, wie sie sich an der Oberfläche abspielten, die Schwefelwasserstoff und andere Elemente aufnehmen, die für jedes „normale" Wesen tödlich wären, sind vielleicht gute „Muster" dafür, was Leben außerhalb der Erde in ähnlichen Umgebungen und unter ähnlichen Bedingungen sein könnte.

Tatsächlich hat die Entdeckung dieser neuen Grenzen des Lebens auf der Erde dazu geführt, dass man an die Frage nach außerirdischem Leben völlig anders herangeht. Man stelle sich vor: Mehrere Kilometer unter den lebensfeindlichsten Meeresböden fand man lebende Mikroben. Sie ernähren sich von den glasartigen Felsen, die es dort gibt. Wenn man nun weiß, dass auf dem Jupitermond Europa die gleichen Felsen unter den gleichen Bedingungen vorhanden sind, liegt der Gedanke nahe, dass man dort dieselben Organismen entdecken könnte. Wenn sie unter infernalischen Bedingungen auf unserer Erdkugel überleben können, könnte ihnen dies ebenso auf Mars, Titan, Europa oder anderswo gelingen. Das bedeutet ganz einfach, dass das Leben vielleicht ein universelles Phänomen ist, das sich unweigerlich selbst in extremer Umgebung durchsetzt. Dies wiederum stützt die Hypothese, wonach man damit rechnen muss, Leben – und sei es auch nur in Form von Mikroben – an so lebensfeindlich anmutenden Orten wie einigen Planeten unseres Sonnensystems zu finden, und darüber hinaus auf anderen Planeten, die um andere Sonnen kreisen.

In unmittelbarer Nähe dieser **„Schwarzen Raucher"**, vulkanischen Quellen, die mit 350 °C aus dem Meeresgrund sprudeln, gibt es **mehr als nur Bakterien.**

Doppelseite 80/81: Auf diesem Fantasieplaneten, der um nahe Sonnen kreist, die man am Horizont erahnen kann, breitet sich eine riesige Salzwüste aus. Auf dieser Welt, die sich nicht um sich selbst dreht, herrscht fast absolute Stille. Eine kahle, vollkommen unfruchtbare Ebene wird von zwei unbeweglichen Sonnen erwärmt, die für immer starr über dem Horizont stehen. An der Oberfläche dieser trostlosen Weite hat sich seit Jahrhunderten nichts ereignet. Die Salzwüste bildete sich durch die Verdunstung ehemaliger Meere, in denen das Leben sich zu entwickeln begonnen hatte. Nur Bakterien leben in dieser salz- und arsenhaltigen Umgebung. In diesen Sedimenten, die genauso beschaffen sind wie die, die man in der Mojave-Wüste in Kalifornien antrifft, entwickeln sich einige Zentimeter unter der Oberfläche ohne jeglichen Sauerstoff fremdartige Mikroorganismen und warten auf die nächste große geologische Umbildung.

Oben: 46 Lichtjahre von der Erde entfernt blickt man hier auf die Oberfläche eines hypothetischen Mondes in der Größe der Erde, der um 47 Ursae Majoris b kreist, einen riesigen Planeten, dessen Masse doppelt so groß ist wie die des Jupiter und der wiederum selbst in sehr großer Entfernung um seinen Mutterstern kreist. Die sehr kalte Oberfläche dieses Trabanten liegt unter einer Atmosphäre aus Kohlenstoffdioxid und Stickstoff. Der Boden selbst besteht aus Silikaten. Ihn bedeckt eine dünne Schicht aus Reif und Eis. Die große Nähe des Planeten bewirkt jedoch stark ausgeprägte Gezeiten, wodurch sich der Trabant unter der Oberfläche erwärmt. Am Horizont sieht man einen aktiven Vulkan. Auf dieser Welt könnte es also unter der gefrorenen Schicht flüssiges Wasser geben, und es könnten sich Bakterien entwickelt haben, die an die niedrigen Temperaturen angepasst sind.

Sonnen in allen Grössen

KAPITEL 5

SONNEN
IN ALLEN GRÖSSEN

In diesem Kapitel geht es um die Suche nach Leben inmitten des sternenübersäten Weltalls, das sich endlos nach allen Richtungen ausdehnt. Unsere Galaxis, die Milchstraße, erscheint darin als riesige Scheibe, in der man etwa 200 Milliarden Sterne aller Alters- und Größenklassen zählt. Wo aber kann die Suche nach potenziellen Lebensformen beginnen? Gibt es in dieser wunderbaren Sternenfülle Räume, die sich für das Leben besser eignen als andere? Ausgehend von dieser Frage richten die Forscher ihr Interesse gezielt auf einige galaktische Regionen, in denen sie alle Bedingungen erfüllt sehen, die das große Abenteuer des Lebens begünstigen.

IM ARM DES ORION

Unser Sonnensystem befindet sich im Orion-Arm, etwa 30 000 Lichtjahre vom Zentrum der Milchstraße entfernt, in einer Region, die im Vergleich zu anderen besonders begünstigt scheint, Sonnensysteme hervorzubringen, auf denen Leben entstehen könnte. Bei der Suche nach diesen begünstigten Regionen kann man zunächst die Sternenansammlungen ausschließen, die man als Kugelsternhaufen bezeichnet und die es in unserer Galaxis in großer Zahl gibt. Diese Haufen bestehen aus einer sehr dichten Sternenpopulation: In diesen stellaren Regionen ist die Strahlung so hoch, und die Gravitationsstörungen sind so ausgeprägt, dass es schwer vorstellbar ist, wie sich Leben auf der Oberfläche eines hypothetischen Planeten entwickeln könnte, der um einen dieser Sterne kreist. Zudem handelt es sich dabei um alte Sterne, die arm an Metallen und schweren Elementen sind, was die Existenz fester Planeten praktisch ausschließt. Die lebensfeindlichen Regionen innerhalb unserer Galaxis beschränken sich jedoch nicht auf die Kugelsternhaufen. Es sind auch alle Gegenden in der Nähe von Gammastrahlenquellen auszuschließen, an denen unsere Galaxis reich ist. Dies trifft ebenso auf das Zentrum der Milchstraße zu, wo die gefährlichen Fluten ionisierencer Strahlung aufgrund der Sterndichte zunehmen und wo man ein extrem massereiches Schwarzes Loch vermutet, das für alle Nachbarsterne äußerst gefährlich ist.

Die exponierte Lage unseres Planeten am Rand eines der Spiralarme der Galaxis ist tatsächlich eine der Vorbedingungen für die Entstehung und den Erhalt von Leben. Hätte sich unsere Sonne inmitten einer von weiteren Sternen dicht besiedelten Region befunden, wären in ihrer Nähe zwangsläufig Quellen gefährlicher Strahlung aufgetreten, und auf der Erde hätte sich vielleicht nie Leben entfalten können. Außerdem hätte eine zu dichte Nachbarschaft anderer Sterne die Umlaufbahnen aller Planeten unseres Sonnensystems – von den Riesenplaneten des äußeren Sonnensystems bis zu den kleinen festen Planeten des inneren Sonnensystems – stark gestört. Auf der Erde hätten niemals die Klimaverhältnisse geherrscht, wie wir sie heute kennen. Diese Störungen hätten auch andere Körper, wie beispielsweise die Kometen der Oortschen Wolke und des Kuipergürtels, in ihrem Umlauf um die Sonne gestört: Immer wieder wären einige von ihnen auf das Zentrum des Sonnensystems zu und somit in Erdnähe verschoben worden – mit katastrophalen Folgen.

Gegenüber: Diese Darstellung zeigt ein entferntes Sonnensystem, das dem unseren auf den ersten Blick gleicht, allerdings mit einem entscheidenden Unterschied: Die Planeten und Asteroiden kreisen nämlich nicht um eine, sondern um zwei Sonnen. Das Spitzer-Weltraum-Teleskop lieferte vor einiger Zeit Beweise dafür, dass solche Doppelsternsysteme im Universum weit verbreitet sind. Das Teleskop konnte um diese Sonnen zwar keinen echten Planeten beobachten, aber es machte Staubwolken aus, die sich – wie auf diesem Bild – von Asteroiden und Kometen abheben. Diese Akkretionsscheiben wurden um viele Doppelsterne herum beobachtet – manche davon waren einander näher als Erde und Sonne. Das Spitzer-Weltraum-Teleskop fand sogar mehr Staubscheiben um Doppelsterne als um Einzelsterne. Dies könnte darauf hinweisen, dass Planeten sich häufiger um Doppelsterne als um Einzelsterne bilden.

Oben: Unsere Galaxis birgt in ihrem Zentrum und in ihren Spiralarmen insgesamt etwa 200 Milliarden Sterne. Wie viele davon haben ein Planetensystem? Und wie viele dieser Planeten könnten bewohnbar sein? Um die Planeten herauszufiltern, die mit der Erde vergleichbar sind – möglicherweise in der Galaxis viele, im Universum noch viel mehr –, muss man sich über ihren jeweiligen Stern annähern. Dazu wurde eine Liste von etwa 17 000 Sonnen erstellt, um die es möglicherweise Planeten und folglich Leben geben könnte. Grundlage bildete ein umfassenderes Verzeichnis (der Hipparcos-Katalog), das etwas über 118 000 Sterne in einem Umkreis von etwa 500 Lichtjahren um unser Sonnensystem enthält – Sterne, deren Merkmale zwischen 1989 und 1993 durch den Astrometrie-Satelliten Hipparcos aufgezeichnet wurden. Von all diesen Sternen richtet sich das Interesse vor allem auf 18 Scorpii, eine Zwillingssonne unseres Zentralgestirns. Man hatte angenommen, dass um sie ähnliche Planeten wie in unserem System kreisen könnten, bei präziseren Messungen stieß man jedoch auf ein Problem: Strahlungsschwankungen von 0,4 %. Die Helligkeit unserer Sonne schwankt hingegen in elf Jahren um nur 0,1 %. Und man geht davon aus, dass sich in der Vergangenheit bereits so geringe Schwankungen der Sonnenstrahlung gravierend auf das Klima auswirkten. Die „Kleine Eiszeit" in der zweiten Hälfte des zweiten Jahrtausends war wohl durch eine ungewöhnlich lang anhaltende Abschwächung der Sonnenstrahlung um 0,1 % bedingt. Was wäre geschehen,

wenn die Strahlung über mehrere Jahrhunderte so gering geblieben wäre? Die Strahlungsschwankungen von 18 Scorpii scheinen mit der Entwicklung von Leben also nicht vereinbar.

Oben: Diese Illustration der NASA zeigt, wie unsere Galaxis vor etwa zwölf Milliarden Jahren ausgesehen haben muss. In dieser weit zurückliegenden Vergangenheit hatten sich die majestätischen Spiralarme noch nicht gebildet, der Weltraum glich einem Meer aus riesigen Kugelhaufen. Unsere Sonne gab es zu jener Zeit natürlich noch nicht.

Doppelseite 90 / 91: Größenverhältnisse der Himmelskörper – von den kleinsten Planeten bis zu den Riesensternen.

Erde
Venus
Mars
Merkur
Pluto
Sonne
Arktur
Jupiter
Erde
Pluto
Pollux
Sirius
Sonne

Jupiter
Saturn
Uranus
Neptun
Erde
Pluto
Antares
Beteigeuse
Aldebaran
Rigel
Pollux
Sonne
Arktur
Sirius

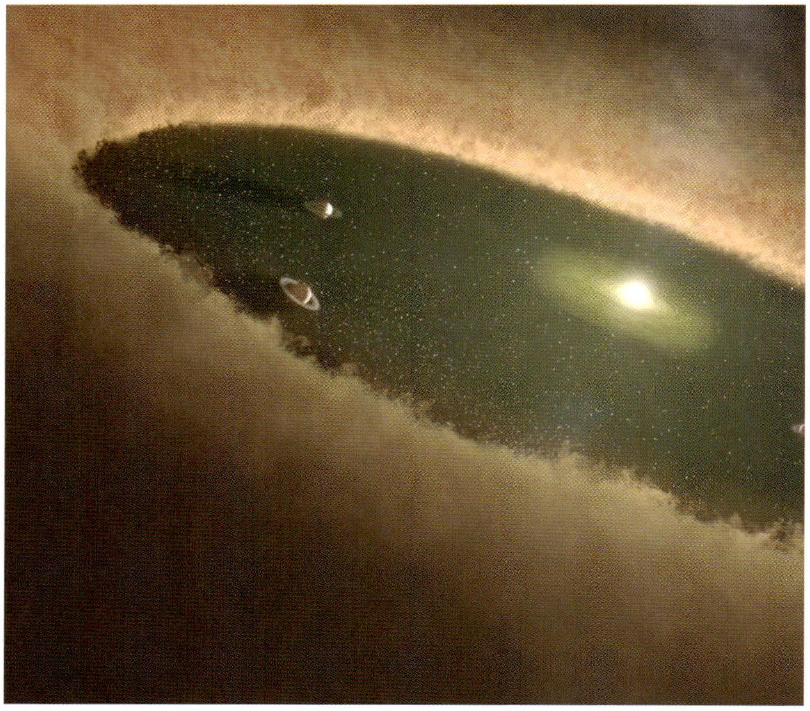

Links oben: Mithilfe des Spitzer-Weltraum-Teleskops konnten Astronomen äußerst detaillierte Informationen zur Existenz eines leeren Raums in einer Akkretionsscheibe sammeln, der auf die Bildung eines Planetensystems um einen jungen Stern hinweist. Der Zwischenraum zwischen dieser inneren Scheibe und der sehr breiten äußeren Scheibe ist von gasförmigen Riesenplaneten besetzt, die noch im Entstehen sind und Gas und Staub der Scheibe einsammeln. Diese Riesen erzeugen einen freien Raum, der verhindert, dass das Material der äußeren Scheibe auf die innere Scheibe fällt. Die innere Scheibe ist etwa so groß wie unser inneres Sonnensystem. Die Strahlen, die man an den beiden Polen des Sterns sieht, kennzeichnen die Sterne, deren Bildung noch nicht abgeschlossen ist.

Rechts oben: O-Sterne sind die heißesten, massereichsten und mit der Helligkeit von 50 000 bis zu einer Million Sonnen die leuchtkräftigsten Sterne. Auf diesem Bild erkennt man einen solchen Stern im Vordergrund, umgeben von seiner Akkretionsscheibe. Doch befindet sich dieses System in unmittelbarer Nähe zu einem Stern, dessen riesige Energie die Akkretionsscheibe „anbläst“ und dadurch die Bildung von Planeten verhindert. Der Strahlungsausstoß und die Sternwinde, die der O-Stern aussendet, sind so gewaltig, dass sie das Material und die schweren Elemente, die um den jungen Stern kreisen, richtiggehend zerstäuben. Dieses Phänomen bezeichnet man als Photo-Evaporation.

Gegenüber, unten: Zwischen diesen beiden Galaxien in 114 Millionen Lichtjahren Entfernung spielt sich Ungewöhnliches ab. Die kleinere (IC 2163) hat etwa die Größe unserer Milchstraße. Die beiden Galaxien sind einander so nah, dass die gravitationsbedingten Gezeiten die Strukturen ihrer Spiralarme verformen. Rechts neben dem Kern der kleinen Galaxie erkennt man einen braunen Bogen: Es handelt sich um den Spiralarm der großen Galaxie (NGC 2207), die im Hintergrund zu erkennen ist. Dieses galaktische Ballett provoziert die massenhafte Bildung junger Sterne (hier als rosa Punkte an den verflochtenen Spiralarmen nur schwer zu erkennen).

Oben: Hier sieht man bisher nie beobachtete Details einer komplexen und geheimnisvollen Struktur in der Nähe des Carina-Nebels (NGC 3372). Das Bild des Hubble-Weltraum-Teleskops zeigt den „Schlüssellochnebel" genannten Teil des Nebels. Dieser Nebel wurde von John Herschel entdeckt – 8000 Lichtjahre von der Erde entfernt in der Nähe des berühmten Veränderlichen Eta Carinae. Die vielen kleinen dunklen Punkte lassen einen Auflösungsprozess vermuten, der die Bildung neuer Sterne ankündigt. Knapp unterhalb des Zentrums und auf der linken Bildseite sind zwei riesige Staubwolken zu sehen. Die dunklen Säulen und Punkte der Wolke oben links scheinen in die Richtung eines massereichen hellen Sterns zu weisen, der sich knapp außerhalb des Felds, links oben, befindet.

Oben: 800 Lichtjahre von uns entfernt, im Sternbild Orion, stehen Babysterne in einer riesigen Dunkelwolke, dem „Hexenkopfnebel". Die neugeborenen Sterne erscheinen auf diesem Bild des Spitzer-Weltraum-Teleskops als winzige rosafarbene Punkte. Bei den grünlichen Wirbeln, die sich kaum von der Wolke abheben, handelt es sich eigentlich um Polyzyklische Aromatische Kohlenwasserstoffe – organische Moleküle, die jenen gleichen, die man auf Grillrosten und in Autoabgasen findet! Sie sind ein sehr deutliches Indiz für die Möglichkeit von Leben in dieser Sternenregion.

Unten: Am 4. April 2007 meldete ein Astronomenteam unter der Leitung von Professor Mayor einen aufsehenerregenden Erfolg: In einer Entfernung von etwas über 20 Lichtjahren hatte es den ersten kleinen festen Planeten entdeckt. Dies war durch den Einsatz des Spektrographen HARPS (High Accuracy Radial velocity for Planetary Search) am 3,6-m-Teleskop des europäischen La-Silla-Observatoriums in Chile möglich geworden. Die Astronomen bedienten sich einer Technik, durch die sich Größe und Masse eines Planeten anhand der Gravitationsstörungen ermitteln lassen, die er bei seinem Umlauf beim Mutterstern auslöst. Laut Mayor könnte dieser Planet mehrere der Vorbedingungen für die Entwicklung von Leben erfüllen.

Man geht also davon aus, dass sehr dichte Regionen einer Galaxie für die Entstehung von Leben ungeeignet sind, dasselbe gilt auch für extrem einsame Regionen. Denn außerhalb von Galaxien, wo nur vereinzelte alte Sterne existieren, die von Nebeln aus übrig gebliebenen Gasen umgeben sind, hätte sich ein Stern wie die Sonne niemals bilden können.
In Anbetracht all der aufgezeigten Hindernisse ist davon auszugehen, dass die Randlage unseres Sonnensystems optimal ist. Astrophysiker haben daher die Hoffnung, in vergleichbaren Regionen lebensfreundliche Planetensysteme zu finden.

Sterne in allen Grössen

Die Suche nach Leben außerhalb unseres Sonnensystems muss also mit der Erforschung jener grundlegenden astronomischen Objekte beginnen, ohne die – wie man weiß – nichts möglich ist: der Sterne. Man zählt etwa 100 Milliarden Galaxien. Jede davon besteht aus etwa 100 Milliarden Sternen: Das Universum birgt also die unvorstellbare Zahl von zehn Trilliarden Sonnen. Sie existieren in allen Größen und allen Farben. Manche Sterne sind riesig und sehr hell, andere sind winzig und leuchten kaum. Stellen wir uns beispielsweise einen Stern vor, der nur ein Zwanzigstel der Sonnenmasse erreicht und eine Milliarde Mal weniger hell strahlt. Stellen wir uns als Gegensatz einen weiteren Stern vor, der eine Milliarde Mal heller leuchtet als unsere Sonne und siebzigmal mehr Masse hat. Um eine Ahnung von den Dimensionen einiger Riesensterne anzudeuten, nehme man an, die Sonne habe die Größe eines Staubkorns: In diesem Maßstab wäre Antares eine Riesensonne, größer als der Eiffelturm! (Siehe auch Grafik auf Seite 91.)

Spektralklassen

Die Spektralklasse eines Sterns gibt seine Oberflächentemperatur an, die bei einem Stern, der sich auf der „Hauptreihe" befindet, etwa seiner Gesamtmasse entspricht. Als „lebensfreundlich" gelten die Spektralklassen F bis K (sogar M), einschließlich der Klasse G, zu der unsere Sonne gehört.
Dieser „Bereich lebensfreundlicher Spektralklassen" entspricht Temperaturen zwischen 7000 K (sogar etwas mehr) und 3000 K. Zum Vergleich: Mit 6000 K liegt unsere Sonne innerhalb dieses spektralen Bereichs und ist als G2-Stern klassifiziert.
Tatsächlich weisen Sterne „mittlerer Klasse", zu denen unsere Sonne gehört, einige ausschlaggebende Eigenschaften hinsichtlich der Bewohnbarkeit ihrer Planeten auf.
Solche Sterne haben – wie unsere Sonne – eine Lebensdauer von mindestens zehn Milliarden Jahren, einer Zeit, die das Auftreten und die Entwicklung von Leben auf einem der umlaufenden Planeten erlaubt. Die wesentlich helleren Riesensterne der Klassen O oder B leuchten nämlich oft wesentlich kürzer als eine Milliarde Jahre, manche existieren zudem nur wenige 100 Millionen Jahre.
Außerdem werden diese Riesensterne, wie oben erwähnt, nicht von planetaren Körpern umkreist. Selbst wenn es einen Planeten passender Größe gäbe, der sich so weit von seinem Stern entfernt befände, dass die Temperatur nicht zu hoch wäre, existiert der Stern nicht lange genug, als dass dort Leben auftreten könnte.
Das Interesse muss sich also auf die Sterne der Klassen F und G richten, die weder zu heiß noch zu kalt sind und ein Erwachen des Lebens begünstigen. Solche Sterne machen zwischen 5 und 10 % der Sterne der Milchstraße aus, während die kleineren und kühleren Sterne der Klassen K und M (zu denen die Roten Zwerge zählen) möglicherweise 90 % der Sterne unserer Galaxie ausmachen. Da auch diese Sterne heute als geeignet erscheinen, Leben auf ihren umlaufenden Planeten zu ermöglichen – allerdings unter der Bedingung, dass diese Planeten ihnen wesentlich näher sind als unsere Erde der Sonne –, wird deutlich, dass das Forschungsgebiet der

Das Leben muss man in erster Linie um Sterne suchen, **die unserer Sonne gleichen.**

Das Forschungsgebiet der **extraterrestrischen Biologie** ist wesentlich weitläufiger, als man noch vor einiger Zeit angenommen hatte.

extraterrestrischen Biologie wesentlich weitläufiger ist, als man noch vor einiger Zeit angenommen hatte.

Eine Frage der Zeit

Es scheint also klar, dass weder ein Riesenstern noch ein Zwerg Energiequellen sind, die Leben begünstigen. Denn die Chemie des Lebens benötigt viel Zeit, um sich merklich zu entwickeln – mindestens eine Milliarde Jahre. Je massereicher ein Stern aber ist, desto geringer ist seine Lebensdauer. Ein Riesenstern wie Antares gleicht in gewisser Weise einem riesigen Ofen, der pausenlos unvorstellbare Mengen Brennstoff verheizt. Dadurch sind seine Reserven an Wasserstoff sehr bald erschöpft, sodass manche Riesensterne kaum älter als eine Million Jahre werden. Das ist eine zu kurze Zeitspanne, um die Entwicklung von Leben auf einem sie umkreisenden Planeten zu begünstigen. Tatsächlich besitzen die frühen Riesensterne, die Sterne der ersten Generation, kein eigenes Planetensystem. In ihrem Innern bilden sie alle Elemente, die zur Bildung von Planeten und – eventuell – von Lebewesen notwendig sind: Die Explosion am Ende ihrer Existenz bewirkt die Geburt eines kleineren Sterns und verstreut die kostbaren schweren Stoffe, aus denen Planeten entstehen, im Raum.

Anders sieht es bei einem kleinen Stern der zweiten Generation aus. Die „Lebenserwartung" von Sternen, die kleiner sind als unsere Sonne, ist sehr hoch: Sie „verbrennen" ihren Wasserstoffvorrat sehr langsam, und sie können sehr viel länger als zehn Milliarden Jahre bestehen (zum Vergleich: Das Universum entstand vor „nur" 13,7 Milliarden Jahren). Innerhalb solcher Zeitspannen kann sich natürlich unbelebte Materie zu Leben entwickeln ...

Die „günstige Entfernung"

Die geringe Größe beschert diesen Sternen zwar ein langes Leben, gleichzeitig senden sie aber eine sehr schwache Strahlung aus, die nicht einmal die Oberfläche eines sehr nahen Planeten aufheizen könnte. Wäre unsere Sonne kleiner gewesen – beispielsweise nur halb so groß wie heute –, hätte die Temperatur an der Erdoberfläche immer unterhalb der Schwelle gelegen, die für die Entfaltung von Leben nötig ist.

Wollte man sich die Landschaft vorstellen, die sich uns dann böte, so befände sich an der Stelle von Berlin ein riesiger Eispanzer, die auch tagsüber nur von einem schwachen Dämmerlicht erhellt würde.

Wäre diese Sonne, die nur halb so groß ist wie unsere, mit jeder Art von Leben unvereinbar? Auf der 150 Millionen Kilometer von dieser kleinen Sonne entfernten Erde hätte jedenfalls keinerlei lebensfreundliche Reaktion ablaufen können. Völlig anders sähe es aus, wäre die Erde der Sonne viel näher. In einer Entfernung von etwa 60 Millionen Kilometern (dies entspricht der heutigen Entfernung Merkurs zur Sonne) wäre die Temperatur wieder mit der vergleichbar, die heute auf unserer Erdkugel herrscht: Die Erde befände sich dann auf einer „bewohnbaren" Umlaufbahn. Die „bewohnbare Zone" um einen Stern ist also einige Dutzend Millionen Kilome-

Oben: Ein Doppelsternsystem, das aus dem Hauptstern im Vordergrund und seinem stellaren Begleiter sehr weit im Hintergrund besteht. Der Hauptstern ist mittelgroß (Typ G); er entstand in einem günstigen Abstand zum galaktischen Zentrum, und seine Akkretionsscheibe enthielt eine ausreichende Menge an schweren Elementen, sodass sich Planeten bilden konnten. Der Planet im Vordergrund befindet sich in solcher Entfernung zum Stern, dass die Oberflächentemperatur das Vorkommen von Wasser erlaubt. Er hat eine geeignete Größe für die Entstehung von Leben, wie wir es kennen. Allerdings umgibt ihn nur eine äußerst dünne Atmosphäre.

Doppelseite 98/99: Zeta Piscium im Sternbild Fische erscheint zwar von der Erde aus wie ein Einzelstern, tatsächlich handelt es sich jedoch um einen Doppelstern. Im Vordergrund ist ein Weißer Zwerg zu sehen, der eine kleine Sonne der Klasse F verbirgt, die kaum größer ist als unsere Sonne.

Oben: Dieses Foto, das uns die NASA zur Verfügung gestellt hat, zeigt den gasförmigen Riesen HD 189733b, der vor seinem Stern vorüberzieht. Obwohl er 63 Lichtjahre von der Erde entfernt ist, zeigen Infrarotaufnahmen des Spitzer-Weltraum-Teleskops eindeutig, dass dieser Planet Wasserdampf enthält. Da jedoch HD 189733b ein gasförmiger Riese ist, dessen Größe sogar Jupiter übertrifft, und er in einer Entfernung von nur 4,5 Millionen Kilometern um seine Sonne kreist, kann es auf ihm kein Leben geben. Das Vorhandensein von Wasser in seiner Atmosphäre lässt jedoch darauf schließen, dass eventuell noch weitere, kleinere Planeten um den Stern kreisen. Auf einigen davon könnten alle Bedingungen gegeben sein, die für die Existenz von Leben erfüllt sein müssen.

ter breit; auf jedem Planeten innerhalb dieses Bereichs könnte aufgrund der gemäßigten Temperaturen an seiner Oberfläche Wasser zu finden sein.

Neben der zum Leben unerlässlichen Energiequelle gilt nämlich Wasser in flüssiger Form als das wichtigste Element, das die Chemie des Lebens in Gang setzen kann. Wenn eine „bewohnbare Zone" also so eng an das potenzielle Vorkommen von Wasser gebunden ist, wird deutlich, dass sich alles ändert, wenn man die Hypothese von einem Leben ohne Wasser (beispielsweise mit einer Lösung wie Ammoniak) aufstellt. In diesem Fall – Ammoniak ist bei sehr niedrigen Temperaturen zwischen –33 °C und –78 °C flüssig – könnten die chemischen Reaktionen, die Leben hervorbringen, auf Planeten ablaufen, die sehr weit von ihrer Sonne entfernt liegen – in einer Zone, die für ein Leben auf der Grundlage von Wasser ungeeignet ist.

Auf solchen Planeten würden die chemischen Reaktionen wesentlich langsamer ablaufen, könnten aber dennoch zu lebenden Strukturen führen. Es wird also deutlich, dass der Begriff der Bewohnbarkeit in hohem Maß von der Wahl der Kriterien abhängt, auf deren Grundlage sich Leben entwickeln könnte.

Ungeachtet dieser Kriterien darf es auf der Umlaufbahn innerhalb der bewohnbaren Zone aber nur kurzfristige Temperaturschwankungen geben. Man weiß, dass die Leuchtkraft der Sterne mit zunehmendem Alter stärker wird, was zu einem allmählichen Temperaturanstieg auf den Planeten führt, die sie umkreisen. Dadurch verschiebt sich die bewohnbare Zone auf Bahnen in immer größerer Entfernung zum Stern. In einigen Milliarden Jahren wird die Temperatur unserer alternden Sonne stark ansteigen, die Erde wird sich in ein brennendes Inferno verwandelt haben und keineswegs mehr innerhalb der bewohnbaren Zone liegen: Diese wird sich mehr und mehr zum Mars hin verschieben, bevor sie Regionen erreicht, die, wie die Jupitermonde, noch viel weiter entfernt sind.

Schwache Sonnenschwankungen

Die Spektralklasse, also hauptsächlich die Temperatur, ist nicht das einzige Kriterium, wonach sich feststellen lässt, ob sich ein Stern für die Entfaltung von Leben eignet: Eine wichtige Vorbedingung ist auch eine konstante Leuchtkraft. Abweichungen in der Leuchtkraft eines Sterns sind eigentlich ein eher banales Phänomen; wie alle Sterne unterliegt auch unsere Sonne Schwankungen in der Größenordnung von 0,1 %. Was würde geschehen, wenn diese Schwankungen größer wären? Tatsächlich kommt es bei manchen Sternen zu „Strahlungsexplosionen", die so stark sind, dass die abgegebene Strahlung (insbesondere Gamma- und Röntgenstrahlen) jedes Leben an der Oberfläche eines eventuell auf einer günstigen Bahn umlaufenden Planeten zerstören würde. Diese variablen Sterne, deren Leuchtkraft sich völlig unkontrolliert ändert, eignen sich nicht als „Brutkästen" für das Leben.

Schwere Elemente

Zur Klassifizierung der Sterne, die eventuell für Leben geeignet sind, tritt ein weiteres Kriterium hinzu: ihr Anteil an schweren Elementen – insbesondere der Metallanteil. Ein hoher Anteil an Metallen bedeutet nämlich, dass der Stern die schweren Materialien enthält, die anfangs, bei seiner Entstehung, in der protostellaren Akkretionsscheibe (als Ergebnis der Explosion eines früheren Sterns der ersten Generation) vorhanden waren. Eine hohe Metallkonzentration in einem Stern deutet fast eindeutig auf die Existenz umlaufender Planeten hin. Eine schwache „Metallizität" des Sterns hingegen weist praktisch sicher darauf hin, dass es sich um einen einsamen Stern handelt und sich kein Sonnensystem (zumindest nicht mit festen Planeten) bilden konnte. Falls es Planeten um solche metallarmen Sterne gibt, sind diese gasförmig wie Saturn oder Jupiter – Planeten, auf denen es eindeutig kein Leben geben kann.

Jüngere Entdeckungen lassen vermuten,
dass **Leben** auch unter Bedingungen auftreten könnte,
die sich von denen **auf der Erde** stark unterscheiden.

Doppelsterne

Lange glaubten die Astronomen, nur Sonnen, die der unseren ähnlich sind, könnten die Grundlage für Planeten bilden, die alle Vorbedingungen für die Entstehung von Leben erfüllen.

Neuerdings beginnt man, auch andere Modelle in Erwägung zu ziehen: Jüngere Entdeckungen lassen vermuten, dass Leben auch unter Bedingungen existieren könnte, die sich von den Lebensbedingungen auf der Erde stark unterscheiden.

Man schätzt nämlich, dass etwa die Hälfte der Sonnensysteme im Universum sehr wahrscheinlich Mehrfachsternsysteme mit mindestens zwei Sonnen sind, wobei die kleinere um die massereichere kreist. Die Entfernungen zwischen den Sternen eines solchen Systems liegen zwischen weniger als einer Astronomischen Einheit und mehreren hundert Astronomischen Einheiten. 1976 wurde die Astronomische Einheit (AE), die zur Angabe von Entfernungen innerhalb des Sonnensystems benutzt wird, auf den Wert von 149 597 870 km festgelegt, den mittleren Abstand von Erde und Sonne. Stellt man sich bei einem Abstand von hunderten AE vor, dass um eine der Sonnen dieses Doppelsternsystems Planeten kreisen, so kann man die Gravitationskraft des begleitenden Sterns völlig vernachlässigen: Sie hätte keinerlei Einfluss auf die eventuelle Bewohnbarkeit eines der Planeten dieses Sonnensystems.

Bei einer geringen Entfernung zwischen den Sternen hingegen wird der Einfluss der Gravitation beider Sterne zunehmen. Die Umlaufbahnen der eventuell um einen der Sterne kreisenden Planeten würden stark beeinträchtigt, die daraus resultierende Instabilität wäre ein schwerwiegendes Hindernis für die Entwicklung von Leben.

Tatsächlich scheint die Erforschung von Alpha Centauri, eines Sternsystems aus drei Sternen, das 4,3 Lichtjahre von der Erde entfernt ist, darauf hinzuweisen, dass man Doppelsterne bei der Suche nach bewohnbaren Planeten nicht außer Acht lassen darf. Die Entfernung zwischen Alpha Centauri A und Alpha Centauri B beträgt elf AE an ihrem nächsten Punkt und 23 AE an ihrem entferntesten Punkt.

Unter solchen Bedingungen ist die Anziehungskraft eines Sterns auf den anderen mit Sicherheit nicht so stark, dass er den stabilen Umlauf potenzieller Planeten um diese Sonnen stören würde: Beide Sterne könnten über ein Planetensystem verfügen, dessen Bewohnbarkeit durch die Präsenz des umlaufenden Sterns nicht beeinträchtigt würde.

Dies wird umso wahrscheinlicher, seit eine weitere Studie, die die langfristige Stabilität des Umlaufs von Planeten eines Doppelsternsystems untersuchte, bewies, dass die Planeten von Sternen, die mindestens 3 AE voneinander entfernt sind, keinerlei Störungen unterworfen sind und ihre Umlaufbahnen stabil bleiben.

Rote Zwerge

Jeder Planet, der um einen Roten Zwerg kreist – einen Stern, dessen Größe und Helligkeit gering sind –, müsste sich in großer Nähe zu ihm befinden, um von seiner Strahlung zu profitieren und eventuell Leben hervorbringen zu können. Nur ein sehr geringer Abstand (deutlich kleiner als die Entfernung zwischen Erde und Sonne)

In einigen Milliarden Jahren wird die Temperatur unserer alternden Sonne stark ansteigen, **die Erde** wird sich in ein brennendes Inferno verwandelt haben und **keineswegs mehr innerhalb der bewohnbaren Zone liegen.**

Das Universum umfasst nämlich die unvorstellbare Zahl von
10 Trilliarden Sonnen.

Oben: Möglicherweise sind die Untergänge einer einzelnen Sonne, die wir von der Erde beobachten, im Universum eine Seltenheit. Neue Beobachtungen des Spitzer-Weltraum-Teleskops deuten darauf hin, dass Planetensysteme häufiger um Doppelsterne als um Einzelsterne wie unsere Sonne vorkommen könnten – und Doppel- oder Mehrfachsternsysteme sind mindestens doppelt so häufig wie Systeme mit einem einzigen Stern. In einem typischen Doppelsternsystem drehen sich zwei Sterne mit etwa derselben Masse wie ein tanzendes Paar umeinander. In vielen Systemen beeinflussen sich die Sterne aufgrund ihrer großen Entfernung kaum: Man entdeckte Dutzende Planeten, die um einen der Sterne eines Doppelsternsystems kreisen, in dem beide Sterne weit voneinander entfernt liegen. Dort müssten Sonnenuntergänge den unseren gleichen, da die zweite Sonne einfach als leuchtender Stern wahrgenommen wird. Manchmal besteht zwischen den beiden Sternen hingegen ein so geringer Abstand, dass sie sich zu berühren scheinen. Astronomen beobachteten ungeordnete Scheiben aus Staubtrümmern. Im Innern stoßen die felsigen Materialien aufeinander und erzeugen sichtbaren Staub. Auf einer solchen Scheibe entstand auch unser Sonnensystem. Erstaunlicherweise fand man um Doppelsterne mehr Trümmerscheiben als bei einer vergleichbaren Anzahl von Einzelsternen, was darauf hinzuweisen scheint, dass die Bildung von Planeten um Doppelsterne mit sehr geringem Abstand verbreiteter sei könnte als um Einzelsterne.

Oben: Regionen, in denen sich neue Sterne bilden, zeichnen sich durch eine verstärkte Röntgenstrahlung aus, die die Sterne bei ihrer „Geburt" aussenden. Durch intensive Beobachtung molekularer Wolken konnte man erstmals Protosterne entdecken, die sich in den dichten Zentren mit besonders vielen schweren Elementen verbergen.

könnte auf dem Planeten Temperaturen hervorrufen, die mit denen auf der Erde vergleichbar sind.

Rote Zwerge sind nämlich die meistverbreiteten Sterne im Universum: Man glaubt, dass sie 80 bis 90 % aller Sterne ausmachen. Wenn man also Leben auf Planeten nachweisen könnte, die um diese so häufig vorkommenden Sterne kreisen, hätte man einen praktisch eindeutigen Beleg dafür, dass Leben ein ganz banales Phänomen ist, das im gesamten Universum auftritt. Kann man aber diese sehr leuchtschwachen Gestirne noch als echte Sterne bezeichnen? Ihre Energie ist so gering, dass Astronomen Rote Zwerge lange Zeit für sterbende Himmelskörper hielten, die unmöglich Leben hervorbringen können.

Ihre geringe Größe (das 0,1- bis 0,7-Fache der Sonnenmasse) weist auf den Ablauf von Kernreaktionen in außergewöhnlicher Langsamkeit hin: Sie senden eine sehr geringe Strahlung aus, die durchschnittlich 1 bis 3 % der Sonnenstrahlung ausmacht (manchmal kann diese Strahlung sogar auf 0,01 % fallen). Um Temperaturen zu erreichen, wie sie auf der Erde üblich sind, müsste sich ein Planet, der um einen Roten Zwerg kreist, also ausgesprochen dicht an dieser seltsamen Sonne befinden: Er dürfte in höchstens 0,3 AE um seinen Stern kreisen, das sind etwa 50 Millionen Kilometer – eine geringere Entfernung als zwischen Merkur und Sonne.

Am meisten erstaunt aber, dass manche Roten Zwerge wie beispielsweise Proxima Centauri, der 4,2 Lichtjahre von der Erde entfernt ist, so wenig Leuchtkraft besitzen, dass ein potenzieller Planet in unglaublich geringem Abstand um Proxima Centauri kreisen müsste, um etwa 20 °C zu erreichen, nämlich in nur 0,032 AE. Das sind einige hunderttausend Kilometer (etwa die Entfernung zwischen Erde und Mond) – eine so geringe Entfernung, dass ein ganzes Jahr auf der Oberfläche dieser „Welt" nur knapp sechs Erdentage dauern würde. Außerdem würde dann dieser Planet wegen seiner außerordentlichen Nähe zum Stern die Auswirkungen einer gebundenen Rotation aufweisen: So wie beim Mond immer dieselbe Seite zur Erde zeigt, würde sich diese Welt nicht um sich selbst drehen und ihrer Sonne stets dieselbe Seite zuwenden.

Die Landschaft auf einem solchen Planeten wäre natürlich äußerst ungewöhnlich: Auf der beleuchteten Seite, wo die Sonnenstrahlung am stärksten ist, würde ein schwachrotes Licht – kaum heller als das Licht unserer Nächte auf der Erde – die Ebenen und Berge umschließen. Die Landschaft wäre in ein immerwährendes Halbdunkel getaucht und schwer zu erkennen. Die Sonne, die am düsteren Himmel kaum zu sehen wäre, könnte Flora und Fauna niemals hell beleuchten. Die sonnenabgewandte Seite würde in ewigem Dunkel verharren, dort wäre es so kalt, dass sich keinerlei Leben entwickeln könnte.

Selbst die Chancen für primitivstes Leben auf einem solchen Planeten wären äußerst gering. Trotz der Vorstellung, dass diese Welt von einer so dichten Atmosphäre umgeben ist, dass die Temperaturgegensätze zwischen der beleuchteten und der dunklen Seite ausgeglichen werden, waren Astrophysiker lange der Ansicht, dass auf einem Planeten, der um einen Roten Zwerg kreist, jegliches Leben ausgeschlossen ist.

Astrophysiker waren lange der Ansicht, dass
auf einem Planeten, der um einen Roten Zwerg kreist, jegliches Leben ausgeschlossen ist.

Die pflanzlichen Wachstumszyklen

Dank genauerer Simulationen gelang kürzlich der Beweis, dass eine Atmosphäre aus Treibhausgasen wie beispielsweise einer Mischung aus Kohlenstoffdioxid und Wasserdampf nur 10 % der Dichte der Erdatmosphäre erreichen darf, damit die vom Zwerg ausgesandte Energie ausreicht, um auch die ihm abgewandte Seite einer solchen Welt zu erwärmen. Auf der beleuchteten Seite wäre dann Photosynthese möglich, und auf der abgewandten Hälfte wäre ein nicht sonnenabhängiges Leben vorstellbar wie es beispielsweise am Grund der Ozeane existiert, wohin die Sonnenstrahlung nicht vordringt. Selbst wenn es in einer Umgebung ewiger Finsternis kein flüssiges Wasser gäbe, wäre es durchaus möglich, dass sich unter ähnlichen Bedingungen, wie sie an den Erdpolen herrschen, an denen es ja – wie erwähnt – Lebewesen gibt, ebenfalls Leben entwickeln könnte.

Wenn auch Leben in einem Sonnensystem um einen Roten Zwerg nicht auszuschließen ist, ist es doch wenig wahrscheinlich. Selbst auf der beleuchteten Hälfte eines Planeten in günstiger (also sehr geringer) Entfernung zum Roten Zwerg wären die physikalischen und chemischen Bedingungen keinesfalls lebensfreundlich. Man muss sich bewusst machen, dass eine solche Welt aufgrund der fehlenden Rotation seiner Sonne immer dieselbe Seite zuwenden würde: Manche Täler lägen immer im Schatten, während die Ebenen stets der Sonne ausgesetzt wären. Unter diesen Voraussetzungen scheint die Photosynthese, wie wir sie kennen, praktisch unmöglich: Ein Roter Zwerg gibt den Großteil seiner Strahlung im Infrarotbereich ab – für das bloße Auge unsichtbar – während die Photosynthese auf der Erde im sichtbaren Licht stattfindet.

Daher ist von einem pflanzlichen Wachstumszyklus auszugehen, der sich grundlegend von dem unterscheidet, den wir auf der Erde kennen. Wie erläutert, kann das Leben Photosynthese durch Chemosynthese ersetzen. Eine Sonne, die unbeweglich am Himmel steht, erspart es den Pflanzen, ihre belaubten Zweige dem Sonnenlicht entgegenzustrecken. Da die fest am Himmel stehende Sonne ihre Energie ununterbrochen und immer auf dieselben Bereiche richten würde, könnte pflanzliches Leben also unabhängig von jedem Tag-und-Nacht-Wechsel gedeihen.

Das lange Leben der Roten Zwerge

Ein gravierendes Hindernis bleibt allerdings die Instabilität der Roten Zwerge. Gerade wegen ihrer geringen Größe sind sie nämlich wesentlich unberechenbarer als Sterne wie unsere Sonne. In diesen kleinen Sternen kann es zu regelrechten Energieschüben kommen: Ihre Strahlung kann sich fast in Minutenschnelle verdoppeln. Solche Strahlungsschwankungen sind für das Leben äußerst gefährlich, auch wenn manche Biologen auf solche Phänomene mit der Behauptung reagierten, die klimatischen Schwankungen könnten die Evolution fördern und die Lebewesen zu mehr Mutationen anregen.

Der einzige wirkliche Vorteil, den die Roten Zwerge beispielsweise gegenüber Sternen vom Typ unserer Sonne vorzuweisen haben, ist ihre außerordentliche Lebensdauer. Es vergingen über 4,5 Milliarden Jahre, ehe der Mensch auf der Erde erschien. Und in weiteren fünf Milliarden Jahren wird unsere Sonne erlöschen. Ein Roter Zwerg hingegen kann, dank seiner geringen Größe, gut und gern 100 Milliarden Jahre oder auch viel länger leuchten. Dies bedeutet, dass Leben auf der Oberfläche einer hypothetischen Welt, die von einem Roten Zwerg beschienen wird, unvorstellbar lange Zeit hätte, sich zu entwickeln, sich an die zahlreichen Widrigkeiten einer solchen Umgebung anzupassen und sie zu überwinden. Denn wie schon Charles Darwin sagte, ist die Zeit der beste Verbündete der Evolution.

Allerdings sind die Chancen, einen Planeten in der bewohnbaren Zone um einen Roten Zwerg zu finden,

Gegenüber: Die trostlose Welt am unteren Bildrand hat ihre einstige Atmosphäre sowie alle flüssigen Substanzen verloren, die die Landschaft über Jahrtausende gestalteten. Diese Entwicklung könnte auf die Evolution des Muttersterns zurückzuführen sein, der sich in einen Roten Riesen verwandelt hat. Durch die explosionsartige Zunahme seines Volumens und den gleichzeitigen Anstieg seiner Oberflächentemperatur ließ der Rote Riese die Flüssigkeiten regelrecht verdampfen und versprengte die Atmosphäre im Raum. Das einzige stellare Relikt dieses Prozesses ist der kleine Stern rechts oben im Bild, der zu einem Weißen Zwerg wurde, den eine Scheibe aus Gas und Staub umgibt. Das gravitationsbedingte Zusammenfallen der riesigen Wolke aus Gas und kosmischen Trümmern könnte erneut eine kritische Schwelle erreichen. Neue Kernreaktionen könnten die verbleibende Materie des ursprünglichen Sterns erglühen lassen, um das Feuer eines wesentlich kleineren neuen Sterns zu entfachen.

Nicht nur die ANZAHL DER ATOME,
sondern auch die der WELTEN im Universum ist UNBEGRENZT.

[Epikur]

Wenn auch **Leben** in einem Sonnensystem
um **einen Roten Zwerg nicht auszuschließen** ist,
so ist es doch wenig wahrscheinlich.

Doppelseite 108 / 109: Diese Aufnahme des Spitzer-Weltraum-Teleskops zeigt im Zentrum neu entstehender Sonnensysteme solche Mengen an Wasserdampf, dass man damit alle Ozeane auf der Erde mindestens fünfmal füllen könnte. Schon lange behaupten Astronomen, dass der Wasserdampf in Strömen aus primitiven planetaren Wolken herausfließt und sich mit dem Staub der Scheiben vermischt, in denen sich die Planeten bilden. Zum ersten Mal konnte aber gezeigt werden, wie das Wasser in die Regionen gelangt, in denen die Planeten entstehen. Die Bilder zeigen nämlich den Entstehungsprozess des Sternsystems NGC 1333-IRAS 4B – es entwickelt sich in einer Hülle aus Gas und Staub. In dieser Hülle kreist eine heiße und sehr bewegte Scheibe, die das Material zur Bildung der Planeten bereithält, um den ungeborenen Stern. Die von dem Teleskop gelieferten Daten zeigen, wie das Eis aus den äußeren Schichten der Sternhülle langsam auf den neuen Stern zufällt und verdampft, sobald es auf die Scheibe trifft.

Oben: Hier sind die Überreste eines gasförmigen Riesen zu sehen, dessen Atmosphäre bei der Explosion einer zu nahen Supernova weggeblasen wurde. Sein metallischer fester Kern ist zerbrochen, und vom Riesenstern blieb lediglich ein Kranz aus Trümmern übrig, den die Gravitation zusammenhält.

eher gering. Selbst wenn es um Rote Zwerge womöglich genauso viele bewohnbare Zonen gibt wie potenzielle Planeten um sonnenähnliche Sterne, muss sich die Suche nach Leben doch in erster Linie auf sonnenähnliche Sterne konzentrieren.

Sonne verzweifelt gesucht

Aus mehreren Gründen können deshalb nur die Sterne der Spektralklassen F, G oder M (also Sonnen, die aufgrund ihrer Größe und ihrer Oberflächentemperatur etwa mit der unseren vergleichbar sind) Energiequellen sein, die mit der Entwicklung von Leben vereinbar sind. Denn nicht in jedem Stadium seiner Existenz ist ein Stern der „Alchemie des Lebendigen" förderlich.

Wie bereits wiederholt angesprochen, scheiden zunächst alle Riesensterne der ersten Generation (Population II) aus, die mangels „Baumaterial" kein Planetensystem bilden können.

Aber auch die kleineren Sterne der zweiten Generation (so genannte Population I) können erst dann günstig auf die Planeten in ihrer Umgebung wirken, wenn sie ihr Ruhestadium erreicht haben. Während der ersten Phasen ihrer Entwicklung verhalten sie sich sehr unruhig, bis die Dichte in ihren zentralen Regionen zunimmt und die Kernfusionen schließlich zur Ruhe kommen. Erst dann können sie Wärme und Licht an die umlaufenden Planeten abstrahlen.

Es werden also Zehntausende von Jahren vergehen, bevor sich diese jungen Sterne stabilisieren und ihre Strahlung konstant bleibt: Dann treten sie in die als „Hauptreihe" bezeichnete Ruhephase ein. Nur die Sterne mittlerer Größe, die mit unserer Sonne vergleichbar sind, und die „kleinen" Sterne, deren Größe weniger als die Hälfte oder gar nur knapp ein Drittel der Größe unserer Sonne ausmacht, werden mehrere Milliarden Jahre auf der Hauptreihe verbleiben. Ein Stern der Spektralklasse F2 mit dem 1,4-Fachen der Sonnenmasse wird sich beispielsweise über fünf Milliarden Jahre auf der Hauptreihe befinden – lange genug, um dort Leben entstehen zu lassen.

Bei aller Vorsicht kann man heute behaupten, dass mindestens 2 % der Sterne demselben Typ angehören wie unsere Sonne: Es gibt in der Milchstraße also etwa 200 Millionen Sonnen, die unserer Sonne gleichen. Dies bedeutet nicht, dass all diese sonnenähnlichen Sterne unbedingt gute „Lebensinkubatoren" sein müssen. Dennoch lassen solche Zahlen die Behauptung zu, dass die Möglichkeiten günstiger Orte riesig sind. Denn selbst wenn sich unter einer Million Sterne nur ein einziger befindet, um den ein bewohnbarer Planet kreist, ergeben sich daraus noch einige Hunderttausende bewohnbarer Planeten.

Folglich gibt es eine unglaublich große Anzahl planetarer Orte, die für das Gedeihen aller Arten von Kreaturen, intelligenten Wesen und Kulturen infrage kommen: Das Universum scheint von Leben überzuquellen.

Bei den Sternen hängt also alles von der Größe ab. Sie dürfen weder zu jung noch zu alt, weder zu hell noch zu groß oder zu klein sein. Wie sieht es aber bei den Planeten aus, die sie umkreisen? Gelten für sie andere Kriterien hinsichtlich des Erscheinens und der Entwicklung von Leben?

Der beste Verbündete der Evolution ist die Zeit.

[Charles Darwin]

Auf der Suche nach Planeten

KAPITEL 6

AUF DER SUCHE NACH PLANETEN

Nach jahrhundertelangen Spekulationen besteht inzwischen Gewissheit, dass es auch um andere Sterne Planeten gibt. Die 313 Planeten, die man bisher außerhalb unseres Sonnensystems entdeckt hat, entpuppten sich als gasförmige Riesen wie Jupiter. Möglicherweise kreisen aber auch kleine feste Planeten wie die Erde um andere Sterne, auch wenn sie mit den heutigen Möglichkeiten noch kaum zu entdecken sind. Doch immer mehr Astrophysiker halten die Entdeckung kleiner, der Erde ähnlicher Planeten noch vor Ende dieses Jahrzehnts für möglich. Von der 2008 von der NASA gestarteten Kepler-Mission erwartet man sich sehr genaue Informationen nicht nur über die Bildung von Planeten, sondern auch über die Bedingungen für potenzielles Leben auf deren Oberfläche. Es ist bereits gelungen, die atmosphärischen Eigenschaften eines dieser Riesenplaneten zu erforschen, obwohl dieser sich in beachtlicher Entfernung zur Erde befindet. Mithilfe der technischen Möglichkeiten, die im Zuge der Corot- oder Kepler-Mission entwickelt wurden, wird man reale Aufnahmen dieser entfernten Sonnensysteme betrachten können.

GÜNSTIGE PLANETARE ORTE

Tatsächlich wird es dank der äußerst raffinierten Technik der Kepler-Mission erstmals in der Geschichte möglich sein zu zeigen, wie vollkommen unspektakulär die erdähnlichen Planeten sind, die um Sonnen kreisen, die unserer Sonne mehr oder weniger ähnlich sind. Man wird ihre Größe, ihre Masse, die Zusammensetzung ihrer Atmosphäre, die Entfernung zu ihrer Sonne, ihr Klima usw. bestimmen können. Dadurch wird es auch gelingen, die Planeten herauszufiltern, auf denen es Leben geben könnte, und sie gegen andere abzugrenzen, die niemals die Bedingungen erfüllen werden, die für biologische Vorgänge nötig sind.

Solange die Existenz von Leben außerhalb der Erde eine zwar wahrscheinliche, bisher aber unbestätigte Hypothese ist, beruht die Vorstellung einer geeigneten planetaren Wohnstatt im Wesentlichen auf einer Projektion der Lebensbedingungen, die auf unserem von der Sonne beschienenen Planeten herrschen: Da das Leben in unserem Sonnensystem eindeutig in komplexer Form aufgetreten ist, scheint es natürlich, dieses Modell auf andere planetare Wohnstätten zu übertragen. Zunächst müssten diese Planeten, deren Größe etwa der der Erde entspricht, Silikatgestein enthalten, und anders als bei den gasförmigen Riesen dürften ihre äußeren Schichten nicht aus Wasserstoff- oder Heliumgas bestehen.

Wir wissen nicht, wie sich Leben in den Wolken solcher riesigen Gaskugeln wie Jupiter oder Saturn entwickeln könnte; lediglich ihre Trabanten – so viel steht fest – sind ernsthafte Kandidaten für das potenzielle Auftreten von Leben. Wie sind nun die Hauptkriterien definiert, die für lebensfreundliche Bedingungen auf extraterrestrischen Planeten sorgen?

DIE „BEWOHNBARE ZONE“

Die erste einfache Regel: Je weiter man sich von einem Stern entfernt, umso weniger spürbar ist seine Strahlung – und umso mehr sinkt die Temperatur. Um jeden Stern

Gegenüber: Wir befinden uns hier inmitten einer Scheibe aus protoplanetarer Materie um den jungen Stern, aus der später Planeten entstehen werden, die um ihre Sonne kreisen. Man konnte eindeutig feststellen, dass die aus Gas, Staubpartikeln und schwerer Materie bestehenden Scheiben die Rotation der jungen Sterne, um die sie sich bewegen, verlangsamen. Es gibt also einen Zusammenhang zwischen der Rotationsgeschwindigkeit eines Sterns und dem Vorhandensein von ihn umkreisender Materie: Sterne, die sich schnell um sich selbst drehen, haben kein Sonnensystem, während „langsame“ Sterne von Planeten und anderen Körpern umkreist werden, die ihre Rotation bremsen. Unsere Sonne, ein langsamer Stern, dreht sich nur einmal in 28 Tagen um sich selbst.

Doppelseite 116 / 117: Der 44 Lichtjahre von der Erde entfernte Ypsilon Andromedae wurde 1996 entdeckt. Um den zentralen Stern, der drei Milliarden Jahre alt ist (also etwas jünger als unsere Sonne, der er gleicht), kreisen mindestens drei Planeten. Während der nächste, Ypsilon Andromedae b, Jupiter ähnlich ist, könnten die beiden anderen, Ypsilon Andromedae c und Ypsilon Andromedae d, feste Welten sein, auf denen Leben gedeiht. Auf diesem Bild ist ein potenzieller Satellit zu erkennen, der sehr nah um Ypsilon Andromedae c kreist, dessen riesige Masse am Horizont erscheint. Deshalb ist folgende Annahme berechtigt: Wegen der vom nahen Planeten ausgelösten Gezeiten profitiert diese Welt von einer tektonischen Wärmezufuhr, die die Entfaltung pflanzlichen Lebens begünstigt.

gibt es also je nach seiner Größe und Leuchtkraft ein Band, in dem sich die Temperaturen zwischen 0 °C und 50 °C bewegen, Temperaturen, bei denen Wasser flüssig bleibt und bei denen auf einem Planeten, der um diesen Stern kreist, weder klirrende Kälte noch Gluthitze herrschen. Natürlich ist die Umlaufbahn eines potenziellen Planeten um den zentralen Stern stark von den Merkmalen dieses Sterns abhängig: Je größer seine Masse und je höher seine Oberflächentemperatur, umso weiter entfernt wird die Umlaufbahn eines bewohnbaren Planeten liegen.

In unserem eigenen Sonnensystem liegt die innere Grenze der bewohnbaren Zone beispielsweise in einer Entfernung von ungefähr 140 Millionen Kilometern zur Sonne; unsere Erdkugel kreist in 150 Millionen Kilometern Entfernung um die Sonne. Die äußere Grenze befindet sich etwas weiter entfernt als die Umlaufbahn des Mars in etwa 230 Millionen Kilometern Entfernung zur Sonne. Damit liegen von den acht Planeten unseres Sonnensystems nur zwei innerhalb der bewohnbaren Zone: Erde und Mars. Die anderen sind entweder zu heiß – dies gilt für Venus oder Merkur – oder aber viel zu kalt (auf Titan, dem Saturnsatelliten, herrscht eine Durchschnittstemperatur von –180 °C). Wie ein kurzer Überblick über das Sonnensystem zeigt, sind die Planeten jenseits der Hitzegrenze wahre Gluthöllen, während es sich bei denen, die außerhalb der Kältegrenze kreisen, um gefrorene Welten handelt, wo sich keinerlei flüssiges Wasser findet. Dennoch scheint es eine Reihe von Faktoren zu geben, die das Band der bewohnbaren Zone um den einen oder den anderen Sonnentyp deutlich verbreitern.

Kleine Planeten, schlechte Kandidaten

Bei kleinen Planeten mit geringer Masse liegen von vornherein zwei eindeutige Gründe vor, die sie vom Abenteuer des Lebens ausschließen. Zunächst ist ihre Gravitation zu gering, um eine Atmosphäre an sich zu binden: Die Moleküle werden nicht stark genug vom Planeten angezogen und verflüchtigen sich ins All. Außerdem weiß man, dass Planeten ohne eine dichte Atmosphäre nicht die notwendigen Bedingungen für grundlegende

Jedenfalls sind die Leute auf dem **Saturn** trotz des Rings sehr arm dran. Er schenkt ihnen zwar Licht, aber was für ein Licht, bei dieser grossen Entfernung zur Sonne! Selbst die Sonne, die ihnen zehnmal kleiner erscheint als uns, ist für sie nur ein **kleiner weisser blasser Stern, dessen Helligkeit und Wärme sehr schwach sind,** und versetzte man sie in unsere kältesten Länder, nach Grönland oder Lappland, würde ihnen vermutlich der Schweiss vom Körper rinnen, und sie würden vor Hitze stöhnen.

[Fontenelle, *Dialoge über die Mehrheit der Welten*]

Gegenüber: Ein hypothetischer Planet in einer günstigen Entfernung (200 Millionen Kilometer) zu einer Sonne, die unbedeutend heißer und energiereicher ist als die unsere und vor etwa 4,5 Milliarden in einem Arm der Galaxis entstand. Damit sich auf dieser Welt Leben entwickeln konnte, mussten mehrere Bedingungen erfüllt sein. Zunächst musste dieser Planet sich relativ schnell (in weniger als einer Woche) um die eigene Achse drehen, sodass sich keine zu langen Tag-und-Nacht-Wechsel ergeben. Man weiß nämlich, dass Planeten mit langsamer Rotation wie die Venus hohen Temperaturspitzen ausgesetzt sind: Während des langdauernden Tages werden sie zu heiß, um dann in die Kälte einer endlosen Nacht einzutauchen, die den Erhalt jeglichen Lebens unmöglich macht. Auf dieser Welt hat ein Tag 30 Stunden, und in den gemäßigten Regionen herrscht im Sommer eine Temperatur um 35 °C. Die Jahreszeiten dauern jeweils vier Monate, der Planet umrundet den Stern in 16 Erdmonaten. Damit sich eine blühende Vegetation auf dieser Welt entwickeln kann, muss die Gravitation mindestens halb so groß sein wie die der Erde: Nur dann ist die atmosphärische Dichte ausreichend hoch, um gegen tödliche Strahlung zu schützen und einen Treibhauseffekt zu garantieren, der für ausreichend hohe und konstante Temperaturen sorgt. Schließlich muss ein Planet, auf dem sich biologische Vorgänge abspielen können, einer fast kreisrunden Bahn folgen. Das wiederum hat zur Folge, dass die jahreszeitlich bedingten Temperaturunterschiede nicht zu gravierend ausfallen.

Um jeden Stern gibt es also, je nach seiner Größe und Leuchtkraft, ein Band, in dem sich **die Temperaturen zwischen 0 °C und 50 °C bewegen.**

Oben: Ganz anders sieht es aus, wenn ein Planet zu nah um die Sonne kreist. In der hier dargestellten Variante ist die blühende Welt von Seite 119 nur noch 70 Millionen Kilometer vom Stern entfernt. Diesmal fehlt der Landschaft, deren geologische Struktur, Ebenen und Berge noch erkennbar sind, jegliche Vegetation: Es gibt nur eine sengend heiße Ebene, auf der in mehr oder weniger regelmäßigen Abständen lavaspeiende Vulkankrater auftauchen. Bei diesem geringen Abstand zum Stern liegt die Temperatur über 250 °C. Außerdem ist der Planet – ebenfalls wegen seiner Nähe zum Stern – durch die starke Gravitation, der er ausgesetzt ist, gebunden und wendet der Sonne daher stets dieselbe Seite zu. Viel zu hohen Temperaturen auf der pausenlos beschienenen Hälfte stehen eisige Temperaturen (um –150 °C) auf der sonnenabgewandten Hälfte in ewiger Nacht gegenüber. Diese infernalischen Bedingungen sind unvereinbar mit jeder noch so extremen Form von Leben.

Oben: Stellt man sich hingegen vor, dass der hypothetische Planet sehr weit von seiner Sonne entfernt ist, ergeben sich ebenfalls physikalische Bedingungen, die jegliches Leben ausschließen. Sowohl in extremer Hitze als auch in klirrender Kälte sind zwar Berge und Täler gut zu erkennen, aber in beiden Fällen ist Leben unmöglich. Bei diesem Modell ist der Planet 800 Millionen Kilometer von seiner Sonne entfernt (etwa der Abstand zwischen Jupiter und Sonne). In einer solchen Entfernung erscheint die Sonne kaum heller als ein großer Stern und kann nicht mehr die Energie liefern, die für den Erhalt des Lebens benötigt wird. Auf der Oberfläche dieser Welt überschreiten die Temperaturen selbst im Hochsommer und am Äquator niemals –100 °C. Keine Form von Leben kann da bestehen.

Doppelseite 122 / 123: Etwa die Hälfte der Sternpopulation unserer Galaxis sind Doppelsterne. Damit um diese Mehrfachsterne Leben überhaupt entstehen und sich entwickeln kann, müssen sie einander aber offensichtlich entweder in sehr geringer oder aber in sehr großer Entfernung umkreisen. Der „Mittelweg" scheint durch Gravitation bedingte Störungen auszulösen, in denen sich keine Planeten bilden können. Tatsächlich bringt eine mittlere Entfernung ein Sternenpaar hervor, dessen Umlaufbahnen sich überschneiden: Sie können kein Planetensystem um sich haben, da die Gravitationsstörung die Ansammlung von Materie, aus der sich Riesenplaneten bilden könnten, verhindert. Nach geraumer Zeit würden selbst die Planeten, die sich eventuell gebildet hätten, in den interstellaren Raum geschleudert, wo es zur Kollision mit einem der Sterne kommen könnte. Nur sehr dicht beieinander liegende oder sehr weit auseinander liegende Sterne können daher von relativ stabilen Planetensystemen umgeben sein, auf denen die Suche nach außerirdischem Leben viel versprechend scheint Die hier dargestellte Welt, deren Sonnen so nah beieinander liegen, dass ihre Planeten um beide Sterne gleichzeitig kreisen, erfüllt diese Bedingung.

Gegenüber: Von dieser hypothetischen Welt aus gesehen kann man im All eine kleine, sehr nahe Spiralgalaxie mit einer geringen Anzahl von Sternen erahnen. Dies lässt vermuten, dass der in blaues Licht getauchte Planet zu einer sehr viel größeren Galaxie gehört und es sich bei der Galaxie am Horizont lediglich um einen Satelliten handelt.

Oben: Temperatur, Durchmesser, Leuchtkraft und Lebenserwartung eines Sterns (Merkmale, die sich gegenseitig bedingen) bestimmen die Chancen für das Auftreten von Leben auf potenziell vorhandenen Planeten. Mit einer Oberflächentemperatur von 6000 K, einem Durchmesser von etwa 1,4 Millionen Kilometern und einer Lebenserwartung von ungefähr zehn Milliarden Jahren liegt unsere Sonne im Mittelfeld. Auf den hier abgebildeten vier hypothetischen Welten sind die stellaren, orbitalen und planetaren Vorbedingungen zur Entwicklung von Leben erfüllt.

Oben: Titan, der größte Saturnmond, ist größer als Merkur. Hier blickt man auf seinen Südpol. Manchmal fällt Methanregen auf seine Oberfläche. Orangefarbene Schwaden – hauptsächlich aus Stickstoff, Methan und Kohlenwasserstoffen – ziehen langsam in Bodennähe vorüber. In den höchsten Schichten der Atmosphäre wandelt die ultraviolette Strahlung der Sonne (die allerdings nur schwach leuchtet) einen geringen Anteil des Stickstoffs und des Methans in Kohlenwasserstoffe um. Auf dieser gespenstigen Welt herrscht ein höherer atmosphärischer Druck als auf unserer Erdkugel (1,6 bar). Gleichwohl könnten die in der Atmosphäre enthaltenen Stoffe „Bausteine" zur Bildung der Aminosäuren und damit das Basismaterial zur Entwicklung von Leben sein.

Gegenüber: Wie lässt sich das Vorkommen von Geysiren in einer so kalten Welt wie der des Titan erklären? Aus den Tiefen dieses geologisch sehr aktiven Planeten gelangt Methan an die Oberfläche. Die „kalten" Vulkane und Geysire, die in Titans Himmel schießen, erklären, weshalb diese Welt so große Mengen an gasförmigem und flüssigem Methan enthält. Die Untersuchung dieses faszinierenden Mondes könnte zu einem besseren Verständnis der planetaren, geologischen und chemischen Vorgänge beitragen, die das Leben auf der Erde entstehen ließen. Manche Exobiologen vermuten gar eine biologische Ursache für die Riesenmengen von Methan: Das Gas soll von Mikroorganismen stammen, die sich in den Tiefen des Bodens entwickeln, wo aufgrund von Gezeiten Wärme entsteht.

biochemische Reaktionen erfüllen, aufgrund derer sich die Bausteine des Lebens formen lassen. Darüber hinaus fehlt ohne Atmosphäre jeder Wärmeaustausch zwischen der tagsüber beleuchteten Hälfte (warmen Seite) und der im Dunkeln liegenden Hälfte (kalten Seite).

Der Planet Mars, der nur eine sehr dünne Atmosphäre vorzuweisen hat, ist beispielsweise wesentlich kälter als es die Erde bei gleicher Entfernung wäre, gleichzeitig ist er den schädlichen Strahlen der Sonne (insbesondere den ultravioletten Strahlen) wesentlich stärker ausgesetzt. Außerdem hat man festgestellt, dass Wasser unter einer zu dünnen Atmosphäre nicht in flüssiger Form bestehen kann, da dazu ein atmosphärischer Druck von etwa 0,06 bar nötig ist.

Vor allem aber – und das ist der zweite Grund – tendieren kleine Planeten dazu, ihre innere Energie zu schnell zu verlieren: Infolgedessen könnten die vulkanischen Erscheinungen, die die Verschmelzung der Bausteine des Lebens vorantreiben, ihre Aufgabe nicht mehr erfüllen. Außerdem weiß man, dass auch die Plattentektonik eine wichtige Rolle spielt.

Auf der Erde trug dieses Phänomen maßgeblich zur Umwandlung mineralischer und chemischer Stoffe bei und förderte durch die Bildung von Kontinenten, die durch riesige Ozeane voneinander getrennt sind, die Artenvielfalt; denn die Vielfalt des Lebens setzt eine Vielfalt der Umgebung voraus.

Die Erde ist aufgrund ihrer Größe, ihrer Masse und ihres Durchmessers der größte aller festen Planeten und Satelliten innerhalb unseres Sonnensystems. Die Masse und die dadurch bedingte Anziehungskraft unserer Erdkugel ist groß genug, um eine dichte Atmosphäre „festhalten" zu können, und ihr flüssiger Kern ist weit genug von der Oberfläche entfernt, um als „Wärmekraftmaschine" zu arbeiten, die die geologischen Abläufe auf der Oberfläche anregt (wobei auch die Radioaktivität im Innern des Kerns für die thermische Aktivität des Planeten bedeutsam ist). Der Planet Mars gilt heute als geologisch tot, und dieser Planet hat den Großteil seiner Atmosphäre verloren.

Es scheint also vernünftig, die Grenzen für die Bewohnbarkeit eines Planeten irgendwo zwischen der Größe von Mars und Venus oder der Erde anzusetzen. Nur besondere Umstände können diese Parameter offenbar verschieben: Io – der rätselhafte Jupitermond – ist beispielsweise kleiner als die Erde und alle anderen festen Planeten unseres Sonnensystems.

Da er aber durch die enorme Anziehungskraft des Riesenplaneten Jupiter stark beeinflusst wird, zeigt er intensive vulkanische Aktivität. Auch Europa, der kleinste der

Der Planet **Mars**
gilt heute als **„geologisch tot"**
und hat den Großteil seiner Atmosphäre verloren.

Gegenüber: Titan ist nicht die einzige Welt unseres Sonnensystems, auf der es Geysire gibt. Immer wenn auf dem Mars Frühling ist, werden dunkle Flecken an seinem Südpol beobachtet. Dieses Phänomen wurde von den Raumsonden Mars Odyssey und Mars Global Surveyor aufgezeichnet. Durch die Erwärmung im Frühling nimmt nämlich der Druck im Boden zu, sodass mächtige Geysire Kohlenstoffdioxid an die Oberfläche schleudern, wo es sich ausbreitet und große dunkle Flecken bildet. Mit der Wiederkehr des Marswinters und der eisigen Kälte verschwinden diese Flecken unter einer dünnen Eisschicht, und der Pol nimmt erneut seine weißliche Färbung an.

Oben: Der etwa 17 Lichtjahre von der Erde entfernte Atair ist ein junger Stern vom Typ unserer Sonne. Er ist allerdings doppelt so groß und zehnmal so hell. Er dreht sich sehr schnell um die eigene Achse (in acht Tagen – die Sonne benötigt 25 Tage) und erscheint bei der Beobachtung daher als Oval, das an den Polen deutlich abgeflacht und am Äquator am stärksten ist. Die Rotationsgeschwindigkeit scheint aber darauf hinzudeuten, dass dieser Stern trotz seiner Metallizität, die doppelt so stark ist wie die unserer Sonne, nicht von Planeten umkreist wird. Die hypothetische Welt in etwa 300 Millionen Kilometern Entfernung von Atair, deren dunkles Gestein auf diesem Bild zu sehen ist, hat also wohl kaum eine Chance, wirklich zu existieren.

Gegenüber, oben: Diese Illustration zeigt Ypsilon Andromedae b, einen jupiterähnlichen Planenten, der in die sengende Strahlung seiner sehr nahen Sonne eingetaucht ist. Die Infrarotsensoren des Spitzer-Weltraum-Teleskops konnten zeigen, dass ein gasförmiger Riese wie dieser zwei Seiten hat: Eine befindet sich stets im Schatten, die andere wird ewig von ihrem Stern bestrahlt. Ypsilon Andromedae b wurde 1996 um den 40 Lichtjahre entfernten Stern Ypsilon Andromedae im Sternbild Andromeda entdeckt. Ypsilon Andromedae b ist ein „heißer Jupiter", ein gasförmiger Riese, der seinen Stern in nur 4,6 Tagen vollständig umrundet. Die Helligkeit des Planeten ändert sich in Abhängigkeit davon, ob die beschienene oder die dunkle Seite zur Erde zeigt. Solche Beobachtungen weisen darauf hin,

dass der Temperaturunterschied zwischen den beiden Hälften des Planeten bei etwa 1400 °C liegt. Daraus lässt sich ableiten, dass die dem Stern zugewandte Planetenseite stets so heiß ist wie Lava (zwischen 1400 °C und 1600 °C), während die dunkle Seite manchmal so kalt werden könnte wie Eis (zwischen –20 °C und –230 °C). Weshalb ist die dunkle Seite so kalt? Dieses Phänomen ist vielleicht so zu erklären: Die Atmosphäre des Planeten muss das Licht so schnell absorbieren und wieder aussenden, dass sich jedes erwärmte Gas um den Planeten bereits abgekühlt hat, wenn es die dunkle Seite erreicht.

Oben, unteres Bild: Eine hypothetische Welt, die um einen Stern der Klasse M kreist, der wesentlich energieärmer ist als unsere Sonne.

Oben: Wer hätte gedacht, dass auch auf dem Mars die Sonne untergeht? Und warum vor allem wirkt sie vom „Roten Planeten" aus so klein? Dieses großartige Foto wurde am 19. Mai 2005 von dem Marsrover Spirit aufgenommen. Man sieht darauf unsere Sonne sehr viel kleiner, da sie 220 Millionen Kilometer vom Mars trennen. Sie geht gerade hinter dem Krater Gusev unter.

Gegenüber: Ein ähnliches Bild würde einen Spaziergänger im Hochsommer mittags auf der gefrorenen Oberfläche des Zwergplaneten Sedna erwarten, der an der nächsten Stelle seiner sehr elliptischen Bahn über 13 Milliarden Kilometer von der Erde entfernt ist. Links lassen sich die leuchtenden Staubpartikeln der Ekliptikebene erahnen. In einer solchen Entfernung erscheint die Sonne nur als ein Stern, der etwas heller leuchtet als die anderen. Die Erde könnte man nur durch ein Teleskop sehen. Es ist sehr unwahrscheinlich, dass diese kleine Welt irgendeine Form von Leben beherbergen kann.

Je komplexer lebende Organismen sind,
umso sensibler reagieren sie auf die Temperatur
und Temperaturschwankungen ihrer Umgebung.

Jupitermonde, könnte unter den vereisten Schichten seiner Oberfläche einen flüssigen Ozean verbergen, dessen Existenz ebenfalls der Gravitation des Jupiter zu verdanken wäre. Und wenn beim Saturnmond Titan eine Chance besteht, dass in seiner dichten Atmosphäre und dem flüssigen Methan auf seiner Oberfläche Leben gedeiht, ist auch dies auf die Nähe eines gasförmigen Riesenplaneten und dessen Auswirkungen auf seinen Satelliten zurückzuführen.

Auch wenn es sich bei diesen Monden um Ausnahmen handelt, zeigen sie doch, dass Masse allein kein untrügliches – und ausreichendes – Kriterium für die Bewohnbarkeit ist und weitere Komponenten offensichtlich eine Rolle spielen.

Abschließend lässt sich feststellen, dass nur ein Planet einer gewissen Größe wie etwa der Erde in seinem Zentrum einen großen metallischen Kern hat. Dieser rotierende Kern führt zu einem „Dynamoeffekt", der für die Ausbildung eines Magnetfelds benötigt wird, das den Planeten vor dem Sonnenwind schützen kann: Ohne den Schutz dieses „magnetischen Schildes" um die Erde würde unsere Atmosphäre von ionisierten Teilchen bombardiert und unweigerlich ins All versprengt.

Rotation und Umlaufbahn

Abgesehen von den genannten Kriterien scheinen auch der Rotationszyklus und die Form der Umlaufbahn für die Bewohnbarkeit eines Planeten entscheidend zu sein und zwar aus folgenden Gründen: Eine zu exzentrische Umlaufbahn (eine lang gestreckte Kreisbahn, die den Planeten im Sommer zu dicht, im Winter hingegen in zu großer Entfernung an seiner Sonne vorbeiführt) würde solche Temperaturunterschiede zwischen den Jahreszeiten hervorrufen, dass sich das Leben dort vermutlich nicht entwickeln könnte.

Denn jeder lebende, selbst jeder „extremophile" Organismus kann nur begrenzte Temperaturschwankungen verkraften, um zu überleben.

Wenn die Oberflächentemperatur einer hypothetischen Welt im Winter deutlich unter den Gefrierpunkt abfällt, um im Sommer auf Werte weit über dem Siedepunkt zu klettern, scheint es praktisch unmöglich, dass sich Leben entwickeln kann.

Wenn man sich beispielsweise vorstellt, die Ozeane der Erde würden in kürzester Zeit vom festen, gefrorenen Zustand in den gasförmigen Zustand von heißem Dampf übergehen, wird niemand annehmen, dass sich dort Leben, wie wir es kennen, entwickelt haben könnte. Denn je komplexer lebende Organismen sind, umso sensibler reagieren sie auf die Temperatur und Temperaturschwankungen ihrer Umgebung.

Die Umlaufbahn der Erde ist eben fast kreisförmig und weist eine Exzentrizität von unter 0,02 auf, was die große Homogenität unserer Klimaverhältnisse erklärt. Vielleicht ist dieses Merkmal der Umlaufbahn seltener als noch vor wenigen Jahren angenommen, denn die meisten der Planeten außerhalb unseres Sonnensystems, die man bisher entdeckte, scheinen eine weit größere Exzentrizität als die Erde aufzuweisen – mit gravierenden Folgen für das Leben: Elliptische, stark gestreckte Umlaufbahnen wirken sich negativ auf die klimatische Stabilität aus und sind somit ein ernstzunehmendes Hindernis für die Entfaltung von Leben.

Neben dieser Problematik sind auch andere astronomische Parameter zu bedenken, wie beispielsweise die Rotation des Planeten um seine Achse, die nicht nur den Tag-und-Nacht-Wechsel, sondern auch die Jahreszeiten beeinflusst. Man vermutet nämlich, dass es auf einem lebensfreundlichen Planeten gemäßigte Jahreszeiten geben muss.

Ist aber die Rotationsachse nicht – wie bei der Erde – in Bezug auf die Ebene der Ekliptik geneigt, finden keine saisonalen Veränderungen statt, und die gesamte Dynamik der Biosphäre geht verloren. Der Planet ist auch kälter: Konzentriert sich die Sonnenstrahlung gleichbleibend auf den Äquator, können sich die Luftmassen nicht mehr

Gegenüber: Möglicherweise kommen Planeten, die – wie Titan – von einer Atmosphäre aus Methan umgeben sind, im Weltraum relativ häufig vor. Astronomen vermuten sie in großer Zahl um Sterne der Klassen G, K oder M. Manche Exobiologen behaupten, die großen Gasmengen solcher methangesättigter Welten könnten biologischen Ursprung haben und von Mikroorganismen herrühren, die in Bereichen mit hoher Temperatur vorkommen. Diese Mikroorganismen könnten von der Energie vulkanischer Aktivität oder von den Auswirkungen der Gezeiten, die eventuell aufgrund eines nahen Planeten auftreten, profitieren.

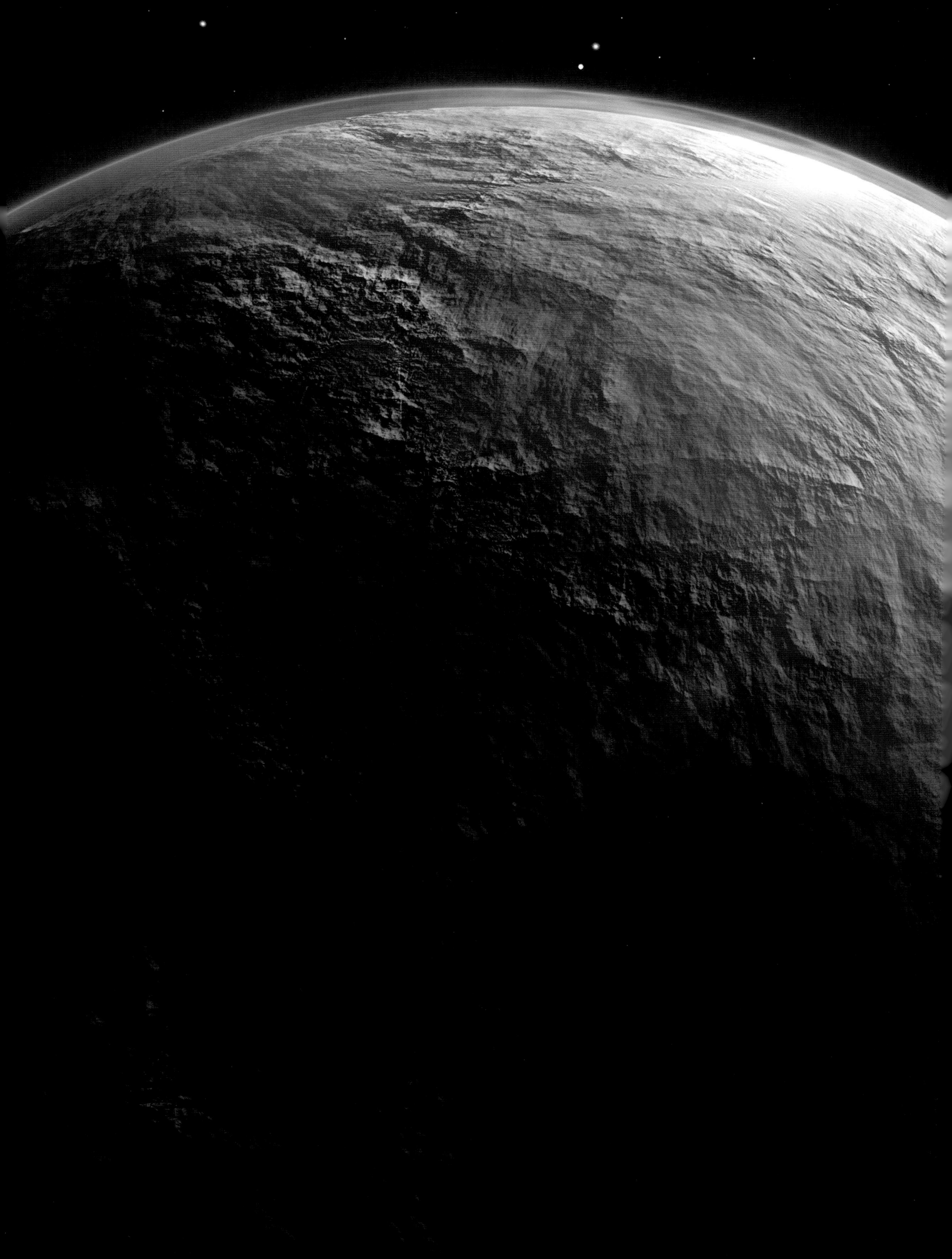

zu den Polen verschieben, und das Klima des Planeten wird von einem wesentlich kälteren polaren Klimasystem bestimmt.

Ist die Neigung der Rotationsachse hingegen zu stark, treten extreme saisonale Schwankungen auf, und die Biosphäre kann kaum ein Gleichgewicht finden: Auch eine zu starke Neigung führt das Leben also in eine Sackgasse.

Für die Achsenneigung der Erde wurde eine Abweichung zwischen 21,5° und 24,5° über einen Zeitraum von 41 000 Jahren errechnet, was zu spürbaren Klimaveränderungen führte. Eine größere Abweichung hätte also sehr gravierende Folgen für den Wechsel der Jahreszeiten: In heute gemäßigten Klimazonen könnten strenge Winter mit Temperaturen von beispielsweise –60 °C und heiße Sommer Einzug halten, der Temperaturunterschied zwischen sonnenzugewandter und -abgewandter Seite würde übermäßig groß, und das Leben hätte kaum eine Chance.

Darüber hinaus darf es auch nur geringe Richtungsabweichungen der Rotationsachse (Präzession – bei der Erde folgt sie einem Zyklus von rund 23 000 Jahren) geben. Fallen sie größer aus, können sich dadurch die Abweichungen von der Umlaufbahn so sehr verstärken, dass dann schwere Störungen der Klimaverhältnisse die Folge wären.

Schließlich spielte unser Trabant, wie erwähnt, eine entscheidende Rolle für die Stabilität unserer Klimaverhältnisse auf der Erde: Ohne Mond würde die Rotationsachse unseres Planeten so stark schwanken, dass jedes klimatische Gleichgewicht aus den Fugen geriete.

Doppelseite 136 / 137: Das Sternsystem Alpha Centauri, das 4,3 Lichtjahre von der Erde entfernt ist, besteht aus drei Sternen. Die beiden helleren (A und B) sind interessant, da sie beinahe genauso groß sind wie unsere Sonne: Alpha Centauri A ist etwas massereicher, Alpha Centauri B etwas kleiner. Sie umkreisen einander in 80 Jahren und sind 3,4 Milliarden Kilometer (22 AE) voneinander entfernt. Der dritte Stern, Alpha Centauri C (auch Proxima Centauri genannt), ist ein Roter Zwerg, der so weit von den beiden anderen Sternen entfernt ist (nämlich 13 000 AE, das entspricht der 400-fachen Entfernung der Sonne von Neptun), dass er kaum von ihnen beeinflusst wird. Abgesehen von der Nähe zu unserem Sonnensystem sind diese beiden Sterne insbesondere deshalb interessant, da Alpha Centauri A ähnlich wie unsere Sonne ein junger Stern vom Typ G2 ist. Seine Temperatur, sein Alter und seine Zusammensetzung sind daher gut vergleichbar, eine Reihe von Hypothesen deuten darauf hin, dass dieser „Schwesterstern" der Sonne möglicherweise ein Sonnensystem besitzen und – weshalb auch nicht – Leben beherbergen könnte. Leider weiß man heute noch nicht, ob sich um diese Sterne ein Planetensystem bilden konnte. War dies der Fall, sind möglicherweise alle Bedingungen erfüllt, dass es auf einer der Welten um A oder B Leben gibt.

Die Rotationsgeschwindigkeit des Planeten um seine Achse muss relativ **schnell** sein, um einen **günstigen Wechsel zwischen Tag und Nacht** zu gewährleisten: Keine dieser Perioden darf zu lang dauern.

Oben: Die als NGC 6093 oder M80 katalogisierte stellare Region ist einer der dichtesten unter den 147 bis heute identifizierten Kugelsternhaufen der Milchstraße. Auf dieser Illustration sind ein Roter Zwerg im Vordergrund sowie mehrere planetare Objekte und andere Nebel im Hintergrund erkennbar. Der mehr als 28 000 Lichtjahre von der Erde entfernte M80 enthält Hunderttausende von Sternen, die durch die Gravitation zusammengehalten werden. Die kugelförmigen Sternhaufen eignen sich besonders zur Untersuchung der Evolution der Sterne. Das hängt damit zusammen, dass alle Sterne des Sternhaufens gleich alt (etwa 12 Milliarden Jahre alt) sind, dabei aber eine große Bandbreite stellarer Massen abdecken. Der Rote Riese, der auf der Abbildung zu sehen ist, hat die gleiche Masse wie unsere Sonne, ist aber älter als diese und nähert sich dem Ende seines Lebens. Das blasse Netz, das man links oben erahnen kann, stellt die Reste ehemaliger Sternhaufen dar. Heute kreisen zwar nur 150 Kugelsternhaufen um die Milchstraße, in der Vergangenheit könnten es aber Tausende gewesen sein. Im Lauf von Milliarden Jahren wurden sie durch die starke Gravitation der Galaxie aufgelöst: Zurück blieben lange, winzige, kaum sichtbare Sternenströme.

Oben: Die geschmolzene Kruste dieses Planeten weist auf den noch ablaufenden Entstehungsprozess hin. Das „Urmagma" ist noch nicht abgekühlt, aber auch die Gezeiten, die aufgrund der relativ großen Nähe anderer Himmelskörper auf diesen Planeten wirken, könnten Ursache für seine intensive vulkanische Aktivität sein. In jüngster Zeit konnten Astronomen die Entstehung eines neuen Sternsystems beobachten, das unter der Bezeichnung HD 98800 katalogisiert ist. Dieses System besteht aus vier Sternen, die paarweise zusammengehören. Die Sterne eines jeden Paares kreisen umeinander, und auch die beiden Doppelsternsysteme umkreisen einander – ein einzigartiges stellares Bühnenbild. Eines der beiden Systeme, HD 98800B, ist von einer Gasscheibe, Gesteinstrümmern und Staubpartikeln umgeben. Diese außergewöhnliche Sternenanordnung ist ziemlich jung (etwa zehn Millionen Jahre alt) und befindet sich 150 Lichtjahre in Richtung des Sternbilds Wasserschlange. Auf den Planeten, die möglicherweise um einen dieser Sterne kreisen, könnte es besonders stark ausgeprägte Gezeiten geben.

Es ist kein Zufall, dass gerade **Kohlenstoff, Wasserstoff, Sauerstoff und Stickstoff** die chemischen Elemente sind, die **im Universum am weitesten verbreitet sind.**

Die Geochemie des Planeten

Die Beobachtung chemischer Verbindungen auf der Grundlage von Silizium führt zu der Annahme, dass „außerirdisches" Leben, falls es existieren sollte, auf den Grundelementen basiert, die auch auf der Erde vorkommen: Die vier Elemente – unverzichtbar für das Leben auf unserem Planeten – sind Kohlenstoff, Wasserstoff, Sauerstoff und Stickstoff.

Doch ist es kein Zufall, dass gerade diese chemischen Elemente im Universum am weitesten verbreitet sind. Ohne diese gäbe es keine biogenen Verbindungen wie Aminosäuren, die man im interstellaren Raum und auf den Meteoriten im Überfluss findet. Die Verbindungen aus diesen vier Elementen machen 96 % der irdischen Biomasse aus. Kohlenstoff kann unvergleichlich viele Verbindungen eingehen und lange, kompliziert aufgebaute Ketten bilden: Diese außergewöhnlichen Eigenschaften schlagen sich natürlich in den komplexen Mechanismen lebender Materie nieder.

Dabei bilden Wasserstoff und Sauerstoff in Form von Wasser das Lösungsmittel, in dem sich die biologischen Prozesse abspielen können, die schließlich lebende Materie hervorbringen.

Die Energie, die während des Aufbaus der äußerst starken Verbindung von Kohlenstoff und Sauerstoff gespeichert wird und durch die Oxidation der organischen Bestandteile wieder zur Verfügung steht, stellt den „Treibstoff" aller Arten komplexen Lebens dar. Die Verbindungen aus diesen vier Elementen bilden die Aminosäuren, die „Grundbausteine" des Lebens.

Die relative Häufigkeit dieser vier Grundelemente entspricht jedoch nicht unbedingt ihrer Verteilung auf der Oberfläche dieses oder eines anderen Planeten. In der Erdkruste beispielsweise ist nur Sauerstoff reichlich vorhanden. Dies erklärt sich zum einen aus der Tatsache, dass viele dieser Elemente, beispielsweise Wasserstoff und Stickstoff, bei hoher Temperatur in ihren Grundverbindungen mit Kohlenstoff in gasförmiger Form vorliegen: als Dioxid, Monoxid, Methan, Ammoniak und Wasserdampf. In den heißen Regionen in Sonnennähe können diese flüchtigen Verbindungen bei der Bildung unseres Planeten entwicklungsgeschichtlich keine bedeutende Rolle gespielt haben. Sie wurden vielmehr in gasförmigem Zustand unter der neu gebildeten Erdkruste eingeschlossen, die im Wesentlichen aus steiniger, nicht gasförmiger Materie wie Silikaten bestand.

Das Entweichen der flüchtigen Stoffe kann nur mithilfe vulkanischer Aktivität stattfinden, die die eingeschlossenen Gase an die Oberfläche befördert: Vor über vier Milliarden Jahren entstand die Erdatmosphäre in einer gigantischen vulkanischen Umwälzung; aus diesem Grund enthält unsere Atemluft heute Sauerstoff, Stickstoff und weitere Gase in geringeren Anteilen.

Doppelsternsysteme

Man geht heute davon aus, dass mindestens die Hälfte der Sonnensysteme Doppelsternsysteme sind. Eine Planetenbildung in solch einem Doppelsternsystem hielt man jedoch noch vor einiger Zeit für unwahrscheinlich: Die Gravitation zwischen den beiden Sternen eines Sys-

Oben: Diese kleine Eiswelt könnte um W Ursae Majoris kreisen, zwei Sterne, die einander so nah sind, dass sie eine gemeinsame Außenhülle besitzen. Die Entdeckung eines Riesenplaneten um dieses Doppelsystem lässt vermuten, dass die beiden Sterne auch von einem Gefolge kleinerer Planeten (ähnlich dem, das um die Sonne kreist) begleitet werden könnten. Die Schwankungen ihrer Leuchtkraft könnte der Entfaltung von Leben allerdings entgegenstehen.

Gegenüber: Der Planet HD 188753 Ab befindet sich 149 Lichtjahre von der Erde entfernt im Sternbild Schwan (Cygnus) und gehört zu einem recht erstaunlichen System, in dem zwei Sterne (HD 188753 B und C) einander in 156 Tagen umkreisen und in 25 Jahren gemeinsam eine Umdrehung um einen dritten zentralen Stern (HD 188753 A) vollziehen. Möglicherweise umkreisen dieses Sternsystem Planeten, von deren Oberfläche aus man Sonnenuntergänge wie diesen beobachten kann.

Es gibt zwei Möglichkeiten:
Entweder sind wir allein im Universum,
oder wir sind es nicht;
beide Hypothesen sind gleichermassen erschreckend.

[Arthur Charles Clarke]

tems würden die Entstehung von Planeten, so glaubte man, verhindern. Einige neue Modelle prognostizieren jedoch inzwischen, dass sich Riesenplaneten (etwa wie Jupiter) durchaus in Doppelsternsystemen entwickeln können, was auch den Weg für kleinere feste Planeten frei machen würde. Dabei kreisen die Planeten dieser Systeme um eine Hauptsonne, um die sich gleichzeitig eine kleinere Sonne dreht. Die Entfernungen zwischen diesen Doppelsternen variieren zwischen etwa einer Astronomischen Einheit (AE) – das entspricht 150 Millionen Kilometern, der Entfernung von der Erde zur Sonne – und einigen hundert AE. Im letzten Fall kann man die Gravitation der Begleitsonne auf einen Planeten, der um die Hauptsonne kreist, vernachlässigen. Reduziert sich diese Entfernung jedoch um einige AE, sieht es anders aus: Die Stabilität der Planetenbahnen könnte dadurch erheblich gestört werden.

Eine neuere Untersuchung des Dreifachsternsystems Alpha Centauri, des Sternsystems, das unserer Sonne am nächsten ist, gibt Grund zur Annahme, dass bei der Suche nach potenziell bewohnbaren Planeten Doppelsterne sehr wohl zu berücksichtigen sind.

Alpha Centauri A (Hauptstern) und Alpha Centauri B (Begleiter) sind etwa 20 AE voneinander entfernt, eine Entfernung, die mit der Bildung von Planeten durchaus vereinbar und groß genug ist, die Stabilität ihrer Umlaufbahn zu gewährleisten.

Die „guten Jupiter“

Bekanntlich ist Jupiter ein Riesenplanet, der vollständig aus Gas besteht. Wie bereits erwähnt war dieser Planet (ebenso wie die anderen gasförmigen Riesen wie Saturn und Neptun) an der Bildung der Erde maßgeblich beteiligt – ohne ihn wäre auf unserem Globus vielleicht niemals Leben entstanden.

Zu Beginn seiner Geschichte vor etwas mehr als 4,2 Milliarden Jahren spielte Jupiter die Rolle eines „Umleiters“ von Materie in Richtung Erde: Bedingt durch seine große Masse verstärkte er die Umlaufexzentrizität des Asteroidengürtels und leitete so alle Arten von Kometen und kleineren Himmelskörpern, die bei der Bildung des Systems entstanden, zur Erde: Dank der Zufuhr an Materie, die reich an schweren Elementen, Wasser und Aminosäuren war, stellten sich auf der Erde allmählich Bedingungen ein, unter denen Leben gedeihen konnte. In der Folge trug Jupiter zur Stabilisierung der Umlaufbahnen (und damit der Klimaverhältnisse) der kleinen inneren Planeten bei.

Schließlich schützten die Riesenplaneten in den letzten Hunderten Millionen Jahren das innere Sonnensystem vor dem Aufprall von Kometen und Asteroiden, die Katastrophen hätten auslösen können.

Überaus deutlich wurde Jupiters Beschützerrolle 1994, als der Komet Shoemaker-Levy durch die enorme Gravitation des Riesenplaneten angezogen wurde und in dessen gasförmige Tiefen stürzte. Der Zusammenprall dieses Kometen mit der Erde hätte zum Aussterben vieler Tier- und Pflanzenarten geführt. Allerdings war sein Durchmesser nur halb so groß wie der des Meteoriten, der vor 65 Millionen Jahren die Dinosaurier vollständig auslöschte.

Die Entfernung Jupiters zur Sonne ist etwa fünfmal so groß wie die der Erde zur Sonne: In vergleichbaren Abständen könnte man also in anderen Sonnensystemen auf „gute Jupiter“ stoßen, die imstande wären, dort die Rolle der Riesenplaneten unseres Sonnensystems zu übernehmen.

Der Einfluss des Lebens

Sobald irgendwo Leben auftritt, beeinflusst es zwangsläufig seine Umwelt. Diese einfache Erkenntnis weckte bei Exobiologen und Astrophysikern ein besonderes Interesse dafür, wie sich die Lebenschemie auf die Bewohnbarkeit eines Planeten auswirkt. Auf der Erde wurde die Atmosphäre zunächst von Blaualgen und wenig später durch pflanzliche Photosynthese gebildet: Die Formen

Gegenüber: Die verschneite Landschaft dieses Planeten deutet die niedrigen Temperaturen der Umgebung an. Er könnte in weiter Entfernung um einen Stern kreisen, der ungefähr 100 Lichtjahre von der Erde entfernt ist und die Bezeichnung 16 Cygni B trägt, ein Stern, der unserer Sonne hinsichtlich seiner Masse und seines Aufbaus stark gleicht. Tatsächlich gehört 16 Cygni B zu einem Dreifachsternsystem, dessen Hauptstern, 16 Cygni A, sich in einer Entfernung befindet, die dem Fünffachen des Durchmessers unseres Sonnensystems entspricht. Der dritte Stern, 16 Cygni C ist derart weit entfernt, dass kaum Verbindung zu seinen beiden Begleitern besteht.

Ein Zusammenprall des Kometen Shoemaker-Levy mit der Erde
hätte katastrophale Folgen für das irdische Leben gehabt.

Ohne Jupiter wäre auf unserem Globus vielleicht niemals Leben entstanden.

Oben: Diese Landschaft könnte einen äußerst ungewöhnlichen Ursprung haben. Man stelle sich einen gasförmigen Riesen vor, dessen Zentrum hauptsächlich aus metallischem Methan und Spuren einiger anderer Metalle bestanden hätte. Dazu stelle man sich die gigantische Explosion einer Supernova in einem solchen Abstand zu diesem gasförmigen Riesen vor, dass der durch die Katastrophe ausgelöste Sturm seine Atmosphäre weggeblasen hätte und der metallische Kern „nackt" zurückgeblieben wäre. Durch die Strahlung naher Sterne und ohne seine schützende Atmosphäre hätte der metallische Kern zu schmelzen begonnen. Dadurch wäre – für eine gewisse Zeit – ein seltsames Gebilde mit einem Ozean aus Methan und riesigen Gletschern rundum entstanden.

von Leben, die die sehr schädliche Atmosphäre der ersten Zeit in Sauerstoff umwandelten, den Säugetiere einatmen können, unterschieden sich also grundlegend von unserer Lebensform.

Tatsächlich lässt ein so großer Einfluss des Lebens auf die Bewohnbarkeit der Umgebung vermuten, dass es auch ganz ohne Anzeichen für Leben von Bedeutung sein kann, nach bestimmten Elementen zu suchen, die als Vorboten künftigen Lebens auf einem Planeten auftreten. Wenn man beispielsweise um einen weit entfernten Planeten eine methanreiche Atmosphäre beobachtet, kann man ihn bereits als guten Kandidaten für das Leben betrachten: Als Nebenprodukt eines Stoffwechselvorgangs verweist Methan auf eine biologische Umwandlung und somit auf Leben.

Schließlich sind geologisch und meteorologisch „lebendige" Planeten weit mehr als andere, „tote" Planeten in der Lage, biologisches Leben aufzunehmen. Diese „aktiven" Welten sind es also, denen man sich vor allem zuwenden muss.

Doppelseite 148 / 149: 41 Lichtjahre von der Erde entfernt entdeckte man ein Planetensystem aus drei Planeten, das um den als HD 69830 katalogisierten Stern kreiste. Diese Entdeckung ist ein wichtiger Schritt zum besseren Verständnis der Entstehungsprozesse von Planeten. Die drei Welten, deren Massen mit der Neptuns vergleichbar sind (also etwa das 17-Fache unseres Globus), könnten kleinere Begleiter mit sich führen, die man noch nicht ausfindig gemacht hat. Der Planet, der am dichtesten um HD 69830 kreist, soll hauptsächlich aus Gestein bestehen, der zweite einen großen festen Kern mit einer Gashülle besitzen; der dritte soll im Wesentlichen aus einer Gashülle bestehen, die einen kleinen Kern aus fester Materie und Eis umschließt. Trotz seiner Größe und seiner Zusammensetzung soll dieser letzte Planet jedoch so weit von seinem Stern entfernt sein, dass er sich innerhalb der bewohnbaren Zone bewegt. Besser noch: Beobachtungen des Spitzer-Weltraum-Teleskops haben gezeigt, dass zu diesem System auch ein Asteroidengürtel gehört – ähnlich wie bei unserem Sonnensystem. Die um HD 69830 entdeckte „Planetenbaustelle" ist ein wichtiges Indiz für das Vorhandensein kleinerer Planeten, die ebenfalls innerhalb der bewohnbaren Zone um ihren Stern liegen.

Oben und gegenüber: Diese hypothetische Welt, die um ein Mehrfachsternsystem kreist, ist gerade das „Opfer" einer dramatischen Entwicklung der Strahlung eines seiner Sterne geworden. Die Landschaft auf der linken Seite enthält noch Wasser und zeigt eine Temperatur, die mit dem Erhalt von Leben vereinbar ist. Auf dem rechten Bild stellt man aber fest, dass die Oberfläche dieser Welt durch die Strahlung einer der Sonnen, eines variablen Sterns mit langem Zyklus (wie sie zu Hunderten in den zentralen Regionen der Galaxis vorkommen), buchstäblich verbrannt ist.

Wie viele Kulturen wurden wohl
seit Beginn der Zeit auf allen Planeten
aller Galaxien geboren, stellten Fragen
wie wir und verschwanden
dann wie ein Windhauch?

[Gilbert Choquette]

Gliese 581c, eine neue Erde?

KAPITEL 7

GLIESE 581c,

EINE NEUE ERDE?

Am 4. April 2007 meldet ein Team französischer, portugiesischer und schweizerischer Astronomen eine spektakuläre Entdeckung, von der man einige Stunden später auf der ganzen Welt spricht: Erstmals gelang es, einen Planeten zu identifizieren, der der Erde sehr ähnlich ist und um einen Stern kreist, der nur 20 Lichtjahre von uns entfernt ist – ein sehr geringer Abstand, verglichen mit den Dimensionen der Galaxie. Aber selbst an Bord der schnellsten Raumfähren würde unsere Reise zum Planeten Gliese 581c etwa 350 000 Jahre dauern. Auf dieser neuen Welt, die kaum größer ist als die Erde, soll es also Wasser geben, vielleicht gar riesige Ozeane, und die Temperatur soll mit der auf der Erde vergleichbar sein. Fragen drängen sich auf, die die Öffentlichkeit mehr denn je faszinieren. Wie sieht diese neue Welt wirklich aus? Könnte man dort Leben finden? Wenn dies der Fall ist, wie Professor Mayor, der den Planeten identifizierte, glaubt – wie könnten diese Lebensformen dann aussehen?

DIE ABLEITUNG DER WELTEN

Astronomen entdeckten diese faszinierende Welt mithilfe des Spektrographen HARPS (High Accuracy Radial velocity for Planetary Search), den sie mit dem 3,60-Meter-Teleskop des europäischen Observatoriums La Silla inmitten der Atacama-Wüste in Chile koppelten. Sie bedienten sich dabei der Technik der „Radialgeschwindigkeit", wonach die Größe und Masse eines Planeten durch die kleinen gravitationsbedingten Störungen bestimmt werden, die von den umlaufenden Planeten auf den Mutterstern wirken. Dank extrem präziser Messungen konnte man dadurch die Beschaffenheit dieser neuen Welt beschreiben, ohne sie direkt zu beobachten. Bekanntlich ist Wasser in flüssigem Zustand das Grundelement des Lebens, zumindest wie wir es kennen. Eine erste Entdeckung erstaunte die Astronomen allerdings: Gliese 581c befindet sich exakt in der richtigen Entfernung zu seiner Sonne – weder zu nah, sodass das Wasser nicht verdampft, noch zu weit, sodass es nicht gefriert.

Es ist zwar noch unmöglich, Anzeichen für biologische Vorgänge auf der Oberfläche eines Planeten in so großer Entfernung aufzuspüren, doch diese Entdeckung stellt unzweifelhaft einen entscheidenden Schritt bei der Suche nach außerirdischem Leben dar. Unsere Vorstellung vom Universum, seiner Entstehung und all dessen, woraus es besteht, hat sich dadurch grundlegend geändert.

Am meisten erstaunt, dass man eine entfernte Welt, die sich in der Endlosigkeit des Universums verbirgt, so beschreiben kann, als hätten Sonden sie überflogen und auf ihrer Oberfläche landen können. Dieser neue Planet ist um die Hälfte größer als die Erde und etwa fünfmal so massereich. Er umkreist einen Stern, der wesentlich kleiner ist als unser Mutterstern, einen Roten Zwerg, der kaum ein Drittel der Masse der Sonne aufweist. Es handelt sich um den kleinsten Planeten, den man bis heute entdeckte. Er umkreist seinen Stern in einem Abstand, der 15-mal geringer ist als der zwischen Erde und Sonne: Auf dieser Welt entspricht ein ganzes Jahr 13 Erdentagen; anders ausgedrückt, Gliese 581c umrundet seine Sonne in nur 13 Tagen. Da Rote Zwerge (Sterne der

Gegenüber: Gliese 581, den man auf diesem Bild sieht, ist ein Stern der Spektralklasse M, also ein schwach leuchtender Roter Zwerg, dessen Lebensdauer bei mehr als ungefähr zehn Milliarden Jahren liegt. Man entdeckte um diesen Stern bereits drei Planeten: Die Oberfläche des hier gezeigten Gliese 581 c vermag er kaum zu erhellen. Jahrzehntelang glaubte man, diese kleinen Sterne der Klasse M könnten keine bewohnbaren Planeten um sich haben. Tatsächlich sind diese Sterne so kühl, dass Wasser nur flüssig vorliegen kann, bei der die Planeten so dicht um ihren Stern kreisen, dass ihre Rotation gebunden wird. Genau wie der Mond der Erde immer dieselbe Seite zuwendet, würde dieser Planet auf einer Seite ständig beleuchtet, während die andere sich in ewiger Nacht befände. Man ging davon aus, dass jede Atmosphäre auf der dunklen Seite gefrieren würde, die beleuchtete Seite hingegen tödlichen Strahlen ausgesetzt wäre, die der Stern aussendet. Von einigen Ausnahmen abgesehen schloss man die Zwerge der Klasse M daher von der Kandidatur zu bewohnbaren Planeten aus. Mitte der 1990er Jahre fand man jedoch heraus, dass ein Planet mit gebundener Rotation seine Atmosphäre erhalten und die Wärme der angestrahlten Seite über die gesamte Oberfläche verteilen kann. Andere Untersuchungen zeigten, dass Ozon, der Schutzschild gegen die gefährlichen UV-Strahlen, auf einem solchen Planeten unabhängig von biologischen Prozessen entstehen kann, was seine Oberfläche für das Leben „attraktiver" und vielleicht weniger feindlich macht als bisher angenommen.

Auf dieser Welt **entspricht ein ganzes Jahr 13 Erdentagen.**

Klasse M) etwa 50-mal weniger energiereich und hell sind als unsere Sonne (sie sind also wesentlich kühler), können ihre Planeten sie in wesentlich geringerem Abstand umkreisen, ohne die bewohnbare Zone zu verlassen, in der Wasser aufgrund der Oberflächentemperatur in flüssigem Zustand erhalten bleibt.

Eine Ozeanwelt?

Wie könnte eine solche Welt also aussehen? Wie die Sonne? Oder wie der Mars? Hätten ihre Landschaften – zumindest von Weitem – irgendetwas Vertrautes? Tatsächlich prognostizieren Computersimulationen, dass Gliese 581c entweder ein felsiger Planet wie die Erde oder aber ein Ozean-Planet ist, der vollständig von Wasser bedeckt ist. In beiden Fällen liegt seine Oberflächentemperatur jedoch sehr wahrscheinlich zwischen 0 °C und 40 °C und ist somit durchaus mit der Erde vergleichbar. Man kann also versuchen sich auszumalen, wie diese entfernte Welt aussieht.

Da die Masse von Gliese 581c größer ist als die der Erde, ist die Gravitation fast doppelt so groß. Ein Mann mit einem Gewicht von 70 kg auf der Erde würde auf der Oberfläche von Gliese 581c 112 kg wiegen. Würden Sie also auf dieser Welt umherspazieren, wären Sie nach einer Strecke von vielleicht 50 m bereits erschöpft. Das wäre aber nicht der einzige Unterschied. Die Umgebung um Sie herum würde sehr rätselhaft erscheinen, praktisch nichts käme Ihnen vertraut vor. Wenn Sie die Augen zum Himmel richteten, würde Ihnen auffallen, dass das Licht des Sterns unvergleichlich viel schwächer ist als das unserer Sonne: Ein dunkelroter Halo würde seine zweifelhaften Strahlen auf eine verschwommene Landschaft richten, deren Einzelheiten ins Infrarotlicht getaucht und somit vom menschlichen Auge großteils nicht wahrnehmbar wären. Außerdem – und das würde Sie noch mehr verwirren – erschiene diese purpurfarbene Sonne mit ihren irisierten dunklen Rändern 20-mal größer als der Mond: In einer Entfernung von kaum 10,7 Millionen Kilometern sähe man sie als riesige Scheibe. Das Verwunderlichste wäre, dass diese Scheibe absolut fix am Himmel stünde – denn Gliese 581c kann sich nicht um sich selbst drehen. Die Rotation ist durch die starke Gravitation des sehr nahen Roten Zwergs stark abgebremst, ein Tag dauert ein Jahr. Wie unsere Sonne die Rotation des Planeten Merkur, der in nur 58 Millionen Kilometern Entfernung um das Gestirn kreist und somit einer enormen Gravitation ausgesetzt ist, stark verlangsamt, wird Gliese 581c vom Roten Zwerg gebunden und zeigt ihm daher immer dieselbe Seite.

Weder Tage noch Nächte

Die wichtigste Folge dieses Stillstands: Auf Gliese gibt es keinen Wechsel zwischen Tag und Nacht. Auf der angestrahlten Seite, die ewig lichtdurchflutet ist, herrscht endloser Tag. Die Schatten sind immer gleich lang und fallen immer auf dieselbe Stelle. Stellt man sich vor, man könnte die Landschaft dieses Planeten mit einem Flugzeug überfliegen, sähe man, wenn man in die ihr entgegengesetzte Richtung flöge, wie die Sonne allmählich unter den Horizont abtaucht.

Gegenüber: Das Alter dieser „neuen Erde" schätzt man auf etwa 4,3 Milliarden Jahre (sie wäre also kaum jünger als die Erde). Sie dreht sich synchron zu ihrer Sonne, die nur 11 Millionen Kilometer entfernt ist, und wendet ihr immer dieselbe Seite zu. Die Temperaturunterschiede zwischen beleuchteter und dunkler Seite könnten enorm sein; allerdings könnte es zwischen den beiden Zonen ein ziemlich breites Band mit Durchschnittstemperaturen geben, die mit dem Leben vereinbar wären (zwischen 0 °C und 40 °C).

Doppelseite 158 / 159: Da Gliese 581c innerhalb der bewohnbaren Zone um seine Sonne kreist, glauben viele Wissenschaftler, er könne von riesigen Ozeanen bedeckt sein. Ist dies der Fall, dürften solche ozeanischen Reservoirs fast sicher Leben beherbergen. Dies gilt umso mehr, als die Berechnungen nahe legen, dass es auf seinen Meeresböden zahlreiche hydrothermale Quellen gibt, die durch die Gezeitenwirkung des nahen Sterns entstanden sind.

Dank extrem präziser Messungen
konnte man **die Beschaffenheit dieser neuen Welt** beschreiben,
ohne sie direkt zu beobachten.

Oben: Die Umlaufdauer von Gliese 581c, die der Planet zur vollständigen Umrundung seiner Sonne benötigt, beträgt nur 13 Tage. Ein „Jahr" dauert auf Gliese also nur 13 Tage. Sein orbitaler Radius (die Distanz zum Stern) liegt bei nur 7 % dessen der Erde, die in einer Entfernung von 150 Millionen Kilometern um die Sonne kreist. Da der Rote Zwerg, der Gliese beleuchtet, viel kälter ist und sehr viel weniger hell als unsere Sonne strahlt, kreist der Planet wesentlich dichter, in einer Entfernung von nur elf Millionen Kilometern, um seinen Stern. Bei einer so geringen Entfernung erschiene der Sonnenball jedem, der ihn von dieser Welt aus beobachtete, riesig.

Gegenüber: Diese beiden Panoramen geben eine Vorstellung davon, wie es auf der Oberfläche von Gliese 581c aussehen könnte. Die Landschaftsformen sind überwiegend von Bergen geprägt.

Ein dunkler Nebel, der durch den Schein
des Zwergsterns rötlich schimmert, zieht langsam über den Grund …

Würde man aber kehrtmachen und auf sie zufliegen, würde man sehen, wie sie langsam aufgeht. Platzierte man sich in den Grenzbereich von Licht und Schatten, wäre man Zeuge eines sehr ungewöhnlichen Morgens, der in unveränderlichen Lichtverhältnissen in einer ewigen Dämmerung verharrt.

In dieser morgendlichen Gegend von Gliese liegt die Temperatur selbstverständlich deutlich niedriger als in den Abschnitten, die stärker der ständigen Mittagssonne ausgesetzt sind. Ein dunkler Nebel, der durch den Schein des Zwergsterns rötlich schimmert, zieht langsam über den Grund. Ein Besucher könnte in diesem Nebel nicht atmen: Die Atmosphäre scheint auf Gliese 581c hauptsächlich aus Wasserstoff, Helium, etwas Stickstoff, Kohlenstoffdioxid und Spuren von Sauerstoff zu bestehen.

AUSSERGEWÖHNLICHE GEZEITEN

Eines der erstaunlichsten Phänomene könnten die gezeitenabhängigen Bewegungen des Ozeans sein: Sie dürften nämlich 400-mal stärker sein als auf der Erde. Der Ozean zöge sich Hunderte von Kilometern zurück und käme mit mehreren hundert Meter hohen Wellen wieder, während die sehr exzentrische Umlaufbahn den Planeten in die Nähe seiner Sonne führte.

All diese Gedankenspiele sind aber erst dann überprüfbar, wenn man den Planeten und seine charakteristischen Kennzeichen direkt beobachten kann. Einige Astronomen äußerten die Vermutung, Gliese 581c sei wegen seiner „irdischen" Eigenschaften und seiner relativ geringen Entfernung zur Erde für eine Forschungsmission mit einer interstellaren Sonde prädestiniert. Es sei allerdings an dieser Stelle nochmals erinnert, dass selbst mit den höchsten Geschwindigkeiten, die unsere Raumtransporter derzeit erreichen können, mindestens 350 000 Jahre vergehen würden, bis die Sonde ihr Ziel erreichte. Bis dahin bleibt es den nachfolgenden Generationen vorbehalten, Antworten auf diese Fragen zu erhalten.

Oben: Untersuchungen der Eigenschaften des Sterns, um den Gliese 581c kreist, ergaben, dass dieses Gestirn äußerst stabil ist und es praktisch keine Schwankungen des Lichtspektrums gibt. Wenn man auch die für Rote Zwerge dieser Art typischen Sonneneruptionen nicht hundertprozentig ausschließen kann, bietet dieser Stern seinen Planeten also im Hinblick auf die Stabilität seiner Leuchtkraft und das langfristige thermische Gleichgewicht beinahe ideale Bedingungen. Die Klimaverhältnisse auf diesem Planeten wären ausgesprochen ruhig und hätten nicht einmal minimale Veränderungen durch eventuelle Schwankungen der Leuchtkraft des Sterns erfahren. Dies sind natürlich optimale Bedingungen für eine langfristig ungestörte Entwicklung von Leben.

Selbst mit den höchsten Geschwindigkeiten, die unsere Raumtransporter erreichen können, würden mindestens **350 000 Jahre vergehen, bis eine Sonde ihr Ziel erreichte.**

Ein universales Abenteuer

KAPITEL 8

EIN UNIVERSALES ABENTEUER

An welche Lebensformen denken Sie spontan, wenn von „Außerirdischen" die Rede ist? An kleine grüne Männchen? An Wesen mit Stielaugen? An das grausige Monster, das Ridley Scott in *Alien* in Szene setzte? Oder gar an jene nicht identifizierbaren Wesen, die Autoren wie Alfred Van Vogt so häufig in ihren Science-Fiction-Erzählungen auftreten lassen?

EINE FRAGE DER GRAVITATION

Extraterrestrisches Leben – in welcher Form auch immer – bleibt reine Spekulation, solange weder Beobachtung möglich ist noch Proben vorhanden sind. Fänden wir beispielsweise Leben auf einer Welt, deren Klima wesentlich kälter und deren Gravitation doppelt so stark wäre wie auf der Erde, würde dies bedeuten, dass die natürliche Evolution Organismen hervorgebracht hätte, die sich von denen grundlegend unterscheiden, die wir auf der Erde kennen.

Eine Umgebung mit einer stärkeren Gravitation als auf der Erde hätte sowohl die Flora als auch die Fauna beeinflusst – die Vegetation hätte sich hauptsächlich in Bodennähe entwickelt, und kein Baum wäre höher als zwei Meter. Auch Säugetiere – wenn es sie überhaupt gäbe – hätten kompakte Körper mit kurzen Gliedmaßen entwickelt, um Verletzungen bei eventuellen Stürzen zu vermeiden. Möglicherweise wären solche Wesen gar durch dicke Panzer geschützt – ähnlich unseren Schildkröten oder Tieren wie dem Nashorn.

Andererseits wären natürlich auf einem Planeten mit schwacher Gravitation Stürze weniger gefährlich für die „Lebewesen", die daher mit längeren und weiter ausladenden Gliedmaßen ausgestattet wären. Bedeutung erreichen solche Spekulationen, wenn man sie innerhalb der Grenzen betrachtet, innerhalb derer sich Leben vermutlich entwickelt hat. Dabei gingen manche Exobiologen so weit sich vorzustellen, dass beispielsweise Organismen, auf die eine geringe Gravitation wirkt, zwangsläufig „Fortbewegungshilfen" in der Art dehnbarer Membranen zwischen den Gliedern ausbilden: Wie die Schwimmhäute der Ente das Schwimmen erleichtern, könnten die entfalteten Membranen als Tragflächen dienen und es den Lebewesen ermöglichen, mühelos von A nach B zu gelangen.

Wenn wir außerirdisches Leben unter Berücksichtigung der vielfältigen Bedingungen betrachten, die auf Planeten auftreten können, erscheint es sehr schwierig, die geeignetsten Umgebungen auszuwählen: Handelt es sich um Planeten mit starker Gravitation oder um „leichte" Welten mit schwacher Gravitation? Muss es um diese Welten eine dünne oder dichte Atmosphäre geben? Sollen sie um eine Sonne der Klasse G (wie unsere Sonne) kreisen oder um einen Roten Zwerg wie Gliese 581c oder gar um ein Doppelsternsystem? Welche dieser Welten wäre am geeignetsten für die Entwicklung von Leben?

Natürlich würden wir uns automatisch für den Planeten entscheiden, der der Erde am ähnlichsten ist. Durch das Wissen, dass sich Leben dort nach den uns vertrauten Vorgaben und Gesetzen entwickelt hat, fällt es uns überhaupt nicht schwer, uns eine ähnliche Entwicklung in einer vergleichbaren Umgebung vorzustellen.

Gegenüber: Wie könnten Lebensformen in einer Umgebung aussehen, die sich von der Erde unterscheidet? Vielleicht wie dieses Wesen, das sich David Cronenberg in *Die Fliege* ausgedacht hat? Ein Tier mit der Intelligenz des Menschen, das sich auf festem Boden entwickelt hat, dürfte ähnlich aussehen wie wir. Dieses Phänomen bezeichnet man als Konvergente Evolution, einen Mechanismus, der dafür sorgt, dass genetisch völlig unterschiedliche Tiere (wie Delfine und Fische) ähnliche Gestalt haben. Eine menschenähnliche Erscheinung bietet Lebewesen Vorteile, die ihre Intelligenz einsetzen – so bleiben die vorderen Gliedmaßen für die Herstellung und Bearbeitung von Werkzeugen frei. Man glaubt auch, dass die körperlichen Fähigkeiten eingeschränkt wären, wenn der Kopf nicht auf dem Hals säße. Wären die Dinosaurier nicht vor 64,7 Millionen Jahren verschwunden, könnte ein Reptil mit einem menschenähnlichen Körper heute das intelligenteste Lebewesen sein. Ein außerirdisches intelligentes Wesen könnte mit den Menschen folgende Fähigkeiten teilen:
1. die Fähigkeit zu abstrahieren;
2. die Fähigkeit, komplexe Fragestellungen in einfachere aufzulösen;
3. die Fähigkeit, Veränderungen wahrzunehmen und zu erklären (Ursache – Wirkung);
4. die Fähigkeit, Erfahrungen zu sammeln (Gedächtnis);
5. die Fähigkeit, die begrenzten Ressourcen der Umwelt zu nutzen (Ökonomie);
6. die Fähigkeit, Arbeit zu planen und sich erst dann um Details zu kümmern (Vorausschau)

Möglicherweise wären solche **Wesen** gar durch dicke **Panzer** geschützt – ähnlich unseren Schildkröten oder Tieren wie dem Nashorn.

Gegenüber: Evolutionsbiologisch ist es möglich, auf anderen bewohnbaren Welten Lebewesen hervorzubringen, die Reptilien gleichen, die die Erde 160 Millionen Jahre lang beherrschten. In den Organismen solcher Reptilien kann man entwicklungsfähige Strukturen erkennen, die imstande sind, langfristig intelligente Wesen hervorzubringen, die eine Kultur begründen.

Oben: Reptilien besitzen Hirnstrukturen, die Mechanismen des Selbstschutzes (z. B. Rückzug) und des Angriffs in Gang setzen, ein „Reptiliengehirn". Die Emotionen, die diese Mechanismen begleiten, sind – ebenso wie die Bewegungen und die Mimik – Hintergrundemotionen und zählen nicht wie Liebe, Kummer oder Angst zu den primären Emotionen im engeren Sinn. Das Reptiliengehirn überwacht die biologische Stabilität und den Grundstoffwechsel des Körpers sowie die lebensnotwendigen Mechanismen wie Atmung, Herztätigkeit, Blutdruck, Temperatur und das Aufspüren anderer Tiere (Beute- oder Raubtiere). Allerdings war keines der Lebewesen, die hier abgebildet sind, mit höheren Fähigkeiten ausgestattet. Wären sie jedoch nicht schlagartig durch eine Katastrophe ausgelöscht worden, hätten sich sicher manche von ihnen (insbesondere der Velociraptor) in Richtung Intelligenz entwickelt.

Die Herrschaft der Saurier

Eine Frage drängt sich allerdings auf: Würde das Leben auf dieser „zweiten Erde" vollkommen dem gleichen, das wir von unserem Planeten kennen? Hätte die Evolution exakt denselben Weg gewählt, ohne in Milliarden von Jahren andere Szenarien vorzuschlagen? Denn die Unermesslichkeit der Zeiträume, in denen sich das große Abenteuer des Lebens abspielt, macht die Überschneidung von Entwicklungsszenarien praktisch unmöglich: Selbst auf einem Planeten, der ein exaktes Abbild der Erde ist, wird man wahrscheinlich keine dominante Lebensform finden, die dem Menschen hundertprozentig gleicht.

Fast alle Fachleute sind sich nämlich einig: Wäre vor 65 Millionen Jahren nicht ein riesiger Meteorit mit der Erde kollidiert, wären heute Saurier die herrschende Art, die aus der Entwicklung der Dinosaurier zu intelligenten Lebewesen hervorgegangen wäre. Einige neuere Untersuchungen stellten die Vermutung an, der Velociraptor, ein kleiner und auffallend intelligenter Dinosaurier, der in Gruppen jagte, hätte sich zur herrschenden Art des Planeten entwickeln können.

Er hätte dann den Platz des Menschen eingenommen, der unter diesen Bedingungen ein kleines bedeutungsloses Säugetier geblieben wäre. Von hier ist es nur noch ein Schritt sich vorzustellen, dass jener fremde Planet, der der Erde gleicht, heute von intelligenten und zivilisierten Sauriern beherrscht wird – ein Schritt, den viele Exobiologen nicht scheuen.

Sichere Aussagen über die Entwicklung dieser oder jener Art auf einer Welt, die der Erde gleicht, sind zwar nicht möglich, doch einige Hauptmerkmale lassen sich ableiten: Ein der Erde vergleichbarer Planet brächte praktisch sicher Leben hervor, ein Leben, das mit dem vergleichbar wäre, das wir kennen und das sich nach den uns bekannten Gesetzen diversifiziert hätte. Wir würden auf einer solchen Welt Meerestiere im Wasser, Vögel in der Luft und Landlebewesen entdecken. Innerhalb der Grenzen eines solchen Modells könnten die Bedingungen beträchtlich variieren, ohne dadurch die Entwicklung der einzelnen Arten zu beeinflussen. Selbst wenn die Gravitation auf diesem hypothetischen Planeten dreimal so stark wäre wie auf der Erde, müssten die Meerestiere nicht darunter leiden, da die Auswirkungen des höheren Gewichts im Wasser keine Rolle spielen.

Möglicherweise würden selbst die fliegenden Lebewesen solche Bedingungen tolerieren. Eine starke Gravitation würde zwangsläufig zu einer dichteren und dickeren Atmosphäre führen, die den ausgebreiteten Flügeln einen besseren aerodynamischen Auftrieb verschaffen würde.

Der Astrophysiker Carl Sagan ging so weit, sich in einer Umgebung mit dieser Gravitation und Atmosphäre Lebewesen mit großer Körperoberfläche vorzustellen, die mehr oder weniger an Pterodaktylen mit mächtigen Membranschwingen erinnern.

Notwendiges und Beliebiges

Die hypothetischen Merkmale außerirdischer Organismen hängen anscheinend von zwei unterschiedlichen Bündeln physikalisch-chemischer Eigenschaften ab: den gemeinsamen (oder notwendigen) und den einmalig auftretenden (oder beliebigen) Eigenschaften. Zur ersten Gruppe gehören alle, die im Lauf der Evolutionsgeschichte mehrmals auftreten und Aussehen und Entwicklung von völlig unterschiedlichen Lebewesen bestimmen.

Die Photosynthese (die Nutzung des Lichts zur Umsetzung von Nahrung) entwickelte sich beispielsweise zu unterschiedlichen Zeiten auf der Basis vieler unterschiedlicher Moleküle. Eine solche „Beharrlichkeit der Natur" lässt vermuten, dass jede Form von Leben auf einem potenziellen Schwesterplaneten der Erde zwangsläufig früher oder später auf eine Art der Photosynthese zurück-

Gegenüber: Die visuelle Wahrnehmung ist der Sinn, der beleuchtete Motive erfasst und interpretiert. Die Tatsache, dass ein Tier mit mindestens zwei Augen ausgestattet ist, zwischen denen ein minimaler Abstand besteht, stellt einen Vorteil dar, der stereoskopisches und somit räumliches Sehen erlaubt. Raubtieren verleiht dies die Fähigkeit, Jagdstrategien zu entwickeln. Für eine Rundumsicht müssen die Augen seitlich am Kopf sitzen, wodurch ein Tier allerdings das räumliche Sehen verliert, wenn es nicht über eine höhere Zahl an Augen verfügt. Um bei Dunkelheit gut sehen zu können, sind große Pupillen nötig, die möglichst große Lichtmengen einfangen können. Die Nachtsicht kann durch eine Schicht aus reflektierenden Zellen (wie beim Katzenauge) optimiert sein. Möglicherweise muss ein Tier auch Farben erkennen, die für den Menschen nicht sichtbar sind, wie beispielsweise Ultraviolett und Infrarot (dies ist bei manchen Schlangen der Fall). Das Sehen von Mikrowellen – auf der Erde unmöglich – könnte auf einem Planeten, der in eine dichte und nebelige Atmosphäre getaucht ist, nützlich sein. Auf der Erde erreichen die Augen mancher Raubvögel eine deutlich höhere Sehkraft als die des Menschen. Insekten hingegen sehen schlechter als der Mensch wie beispielsweise diese Fliege mit Facettenaugen, die lediglich Bilder mit „niedriger Auflösung" liefern. Sie können mit ihren Facettenaugen jedoch Bewegungen erkennen. Noch weniger hoch entwickelt ist eine Art des Sehens, die Tiere lediglich den Wechsel zwischen hell und dunkel erkennen lässt.

Man kann davon ausgehen, dass Lebewesen, die sich auf der Oberfläche oder in den Ozeanen eines **Schwesterplaneten der Erde** entwickelt haben, **mit Sehorganen ausgestattet sind.**

Oben: Auf einem Planeten mit geringerer Gravitation bestünde die vorherrschende Lebensform sehr wahrscheinlich aus Organismen, die für den Flug ausgestattet sind. Auf der Erde gibt es viele fliegende Arten: Insekten, Vögel, Fledermäuse und sogar manche Fische können sich in der Luft fortbewegen. Vögel, die gute Koordinationsfähigkeiten haben, können auf bestimmte Umweltreize (Schlüsselreize) entsprechend reagieren. Auf einem Planeten mit schwacher Gravitation könnte eine Art, die zum Fliegen ausgestattet ist, Intelligenz entwickeln (falls sie über Gliedmaßen verfügt, mit denen sie die Umgebung verändern kann). Von oben nach unten und von links nach rechts: Fliegender Fisch, fliegender Knurrhahn, Indonesisches Gleithörnchen, Braunes Langohr.

Doppelseite 174 / 175: Auf einem Planeten mit starker Gravitation wie diesem wäre die Vegetation niederwüchsig, die Organismen hätten einen untersetzten Körper, der sich dicht am Boden befände. Wäre dieser Planet insgesamt heißer als die Erde, und die Temperatur wäre konstant (eine schnelle Rotation würde große Temperaturunterschiede verhindern), könnten die heutigen kaltblütigen Wirbeltiere herrschen. Die Bedingungen auf der Erde, einem Planeten mit relativ geringer Rotationsgeschwindigkeit (kalte Nächte, heiße Tage) stehen der Herrschaft der Reptilien entgegen; viele Wissenschaftler glauben daher, die Dinosaurier seien warmblütige Tiere gewesen, obwohl sie ja zu den Reptilien gehören.

greifen würde – selbst wenn dieser Prozess auf jener Welt nicht auf exakt demselben Prinzip beruhen würde wie die Photosynthese auf der Grundlage von Chlorophyll.

Es handelt sich um eine notwendige Entwicklung, innerhalb derer unterschiedliche Arten ohne Verbindungen untereinander dieselben Merkmale entwickeln, da sie einer ähnlichen Umgebung ausgesetzt sind.

Organe wie die Augen wurden beispielsweise von völlig unterschiedlichen Arten entwickelt: vom Kraken über alle Arten von Säugetieren bis zu den Insekten. Auch wenn die Augen bei den einzelnen höchst unterschiedlichen Arten nach besonderen Prinzipien arbeiten, geht es doch für ein Lebewesen immer um dasselbe Ziel: Lichtquellen aufzuspüren und zu orten.

Man kann davon ausgehen, dass Lebewesen, die sich auf der Oberfläche oder in den Ozeanen eines Schwesterplaneten der Erde entwickelt haben sollten, mit Sehorganen ausgestattet sind (die zudem paarweise vorhanden sind, sodass dreidimensionales Sehen möglich ist).

Man wäre auch nicht erstaunt, eine weitere Eigenschaft des Lebens bei Arten vorzufinden, die sich in einer deutlich andersartigen planetaren Umgebung entwickelt haben: die Flugfähigkeit.

Auf der Erde hat sich diese Fähigkeit bei vier sehr unterschiedlichen Lebensformen entwickelt, bei den Säugetieren (Fledermäusen), den Vögeln, den Insekten und sogar manchen Fischen (Fliegenden Fischen). Auch hier ist es folglich so gut wie sicher, dass auf einem Schwesterplaneten der Erde zumindest eine Art von vielen die Fähigkeit entwickelt hätte, sich durch Flügelschlag fortzubewegen.

Tatsächlich ist die Liste der gemeinsamen Merkmale von sehr unterschiedlichen Tieren extrem lang: Ob es sich um Hörner, Panzer, männliche oder weibliche Geschlechtsorgane ... handelt – all diese Attribute erschienen unabhängig voneinander und immer wieder in der Geschichte der Evolution. Welche Gemeinsamkeit besteht zwischen einem Triceratops aus dem Mesozoikum und einer Allgäuer Kuh? Praktisch keine. Nur die Tatsache, dass diese beiden Lebewesen, zwischen denen doch 150 Millionen Jahre Entwicklungsgeschichte liegen, mit den gleichen Verteidigungsorganen ausgestattet sind, den Hörnern.

Die Bedeutung des Zufalls

Es gibt jedoch auch einmalig auftretende oder zufällige Eigenschaften, die sich bei einigen Organismen finden, die in der Entwicklungsgeschichte trotz gleicher Bedingungen nicht mehrmals und nicht bei mehreren Arten in Erscheinung traten.

Wäre beispielsweise vor langen Zeiten ein bestimmter Fisch – auf den alle Säugetiere und Menschen zurückgehen – nicht das Opfer einer einmaligen Mutation geworden, in deren Folge es zu Kreuzungen des Verdauungsapparats mit dem Respirationstrakt kam, hätten wir heute niemals unter dem unangenehmen Verschlucken zu leiden, wenn uns versehentlich Teile von Nahrung „in den falschen Hals" geraten.

Von dem Moment an, wo diese zufällige und einzigartige Mutation der Atemwege des Fisches auf seine Nachkommen überging, wurde sie zu einem gemeinsamen Kennzeichen aller von ihm abstammenden Arten. Obwohl es sich um einen „organischen Fehler" handelt, ist diese Missbildung, die uns eindeutig nichts „nützt", als unvorhergesehenes Evolutionsereignis zu verstehen, das man bei fremden Arten, die sich auf dem Boden eines anderen Planeten entwickelten, nicht unbedingt erwarten würde.

So könnte ein solcher erdähnlicher Planet durchaus auch von Lebewesen besiedelt sein, deren Atemwege und Verdauungsapparat völlig anders funktionieren: Wesen mit zwei Öffnungen (eine für die Atmung, die andere für die Nahrungsaufnahme) kämen uns sehr fremdartig vor, obwohl es sich letztendlich um einen sekundären Unterschied handelt. Die Tatsache, dass wir durch dasselbe

Es wird möglich sein herauszufinden, ob die Menschen das Ergebnis **eines einmaligen Szenariums** oder aber einer Reihe physikalischer und chemischer Prozesse sind, die **tief in den Strukturen des Universums verankert sind.**

Oben: In einer Umgebung mit schwacher Gravitation würde sich die Vegetation natürlich zum Himmel strecken. Exobiologen interessieren sich nicht nur für die durch die Gravitation bedingte Struktur, sondern auch für die Farbe der Pflanzen. Auf der Erde benötigt die Photosynthese vor allem rotes Licht (die längsten Wellen, die die Erde erreichen) sowie blaues Licht, das am energiereichsten ist. Grünes Licht dagegen absorbieren Pflanzen kaum, sodass wir ihre Blätter grün sehen. Außerirdische Pflanzen unterscheiden sich sicher von denen, die wir auf der Erde kennen, denn sie werden ihre eigenen Pigmente gebildet haben, die von den Farben des Lichts abhängen, das die Oberfläche des jeweiligen Planeten erreicht. Um herauszufinden, welche Farben sich am besten für die Photosynthese auf anderen Planeten eignen, wird man viele Bedingungen berücksichtigen müssen: den Sonnentyp, die Lichtmenge, die Zusammensetzung der Atmosphäre usw.

Organ, den Mund, atmen, mit dem wir auch Nahrung aufnehmen, ist die Folge eines weit zurückliegenden „Unfalls", der eigentlich nicht notwendig war, jedoch über das Erscheinungsbild unzähliger Arten von Lebewesen entschied.

Da man die Entwicklung des Lebens auf der Erde über einen sehr langen Zeitraum untersuchen konnte, ist es recht einfach, die genauen Merkmale herauszufiltern, die die Entwicklung von Lebewesen auf einem erdähnlichen Planeten kennzeichnen. Viel schwieriger ist es, die Merkmale des Lebens in einer Umgebung einzuschätzen, die den Planeten Mars oder Titan gleicht; denn bisher konnte man weder auf Mars noch auf Titan irgendeine Lebensform untersuchen.

Hätte man beispielsweise auf dem Jupitermond Europa Leben gefunden und festgestellt, dass alle Wesen, die sich in den Tiefen seiner Ozeane entwickelten, mit Fischflossen ausgestattet sind, könnten wir mit gutem Grund davon ausgehen, dass die Ozeane anderer Planeten, die Europa gleichen, ebenfalls von Wesen mit Flossen bevölkert sind. Würden wir hingegen feststellen, dass nur eine einzige Art der Meerestiere auf Europa Augen hat, während sie bei den übrigen fehlen, dürften wir nicht erwarten, auf anderen Planeten, die Europa gleichen, Lebewesen mit Augen zu finden. In diesem speziellen Beispiel vom Trabanten Europa sind die Flossen gemeinsame Kennzeichen, die alle teilen, während die Augen einmalige Attribute sind, die eine einzelne Art auszeichnen. Natürlich ist es nur dann möglich herauszufinden, welche Merkmale für einen bestimmten Planetentyp universal und welche dagegen einmalig sind, wenn es gelingt, die unterschiedlichen Formen von Leben auf anderen Planeten aufzuspüren und zu untersuchen.

Ein einziger Lebenscode?

Man kann sich aber viel scharfsinnigere Fragen stellen. In gewisser Weise beschränken sich die Spekulationen über außerirdisches Leben im Allgemeinen darauf, bestimmte universale Merkmale des Lebens bestimmten Arten planetarer Umgebungen zuzuordnen. Könnte man sich jedoch nicht auch über die universalen und einmaligen Merkmale des Lebens Gedanken machen, ohne sie dabei mit bestimmten Planetentypen in Verbindung zu bringen?

Würde man beispielsweise gleichzeitig auf Mars, Europa und Titan Leben entdecken und feststellen, dass alle Lebensformen auf diesen Welten auf Kohlenstoffverbindungen beruhen, könnte man daraus ableiten, dass Kohlenstoff ein chemisches Merkmal ist, das alle Arten von Leben kennzeichnet und Leben ermöglicht.

Und würde man zudem entdecken, dass sich das Leben auf Mars, Europa und Titan zur Weitergabe der Erbinformation der DNS bedient, könnte man behaupten, dass auch die DNS ein universales Kennzeichen ist und das Leben im gesamten Universum auf dem DNS-Molekül basiert.

Würde man hingegen feststellen, dass wir die einzigen Lebewesen sind, bei deren Vermehrung die DNS eine Rolle spielt, und dass das Leben auf Mars, Europa und Titan auf einem völlig andersartigen „Lebenscode" basiert, würde die DNS zu einem einmaligen Merkmal, das „Lebensmolekül" auf Mars, Europa und Titan zu einem universalen Attribut.

Indem man nun andere Planeten erforscht und potenzielle Lebensformen aufspürt, die sich in deren spezifischer Umgebung entwickelt haben, wird es möglich sein, die universalen und die einmaligen Merkmale des großen Lebensabenteuers zu bestimmen, ohne dabei die planetaren Umgebungen berücksichtigen zu müssen, die naturgemäß äußerst verschieden sind.

Sollte dies gelingen, könnte man herausfinden, ob die Menschen das Ergebnis eines einmaligen Szenariums oder aber einer Reihe physikalischer und chemischer Prozesse sind, die tief in den Strukturen des Universums verankert sind und die in gewisser Weise zwangsläufig auf Leben, Bewusstsein und Intelligenz zusteuern.

Doppelseite 178 / 179: Auf einem Planeten mit schwacher Gravitation und geringem Nahrungsangebot wären Insekten und andere Gliederfüßer (Wirbellose mit segmentiertem Außenskelett) möglicherweise neben fliegenden Tieren die leistungsfähigsten Lebewesen. Ein Tier, wie es im Vordergrund abgebildet ist, könnte einem Zweig hochentwickelter Insekten angehören. Wie man weiß, können Insekten jede Art von Nahrung aufnehmen und in allen erdenklichen Umgebungen leben. Auf einem Planeten, über den eine Hungerkatastrophe hereinbräche, würden daher solche Tiere – da sie sich problemlos an harte Bedingungen anpassen könnten – die herrschende Rolle übernehmen.

Oben: Auf kleinen Planeten, die um kleine Sterne der Klasse M oder um Rote Zwerge kreisen, deren Masse zwischen 10 und 15 % der Sonnenmasse liegt, dürfte sich die Vegetation sehr von der unserer Erde unterscheiden. Die Roten Zwerge, die 85 % der Sterne in der Galaxie ausmachen, strahlen reichlich infrarotes Licht ab, erzeugen jedoch wenig blaues Licht. Im Gegensatz zu irdischen Pflanzen würden die Pflanzen in einer solchen Umgebung Infrarotlicht absorbieren.

Rechts oben: In den oberen Schichten der sehr dichten Atmosphäre eines gasförmigen Riesen könnte sich in einer Höhe, in der Temperatur und Luftdruck weder zu hoch noch zu niedrig sind, ein Leben in der Luft entwickeln. Mehrere hundert Kilometer über der Oberfläche kann man sich riesige fliegende Quallen vorstellen, die in den mächtigen Luftströmen treiben, die die Atmosphäre bewegen. Sie ernähren sich von einer Unmenge an Mikroorganismen und anderen Lebensformen, die sich in dieser einem Meeresmilieu sehr ähnlichen wolkenverhangenen Umgebung ernähren.

Rechts unten: Auf einer Welt mit starker Gravitation wäre die Beweglichkeit der Lebewesen zwangsläufig eingeschränkt. Man sieht auf diesem Bild einen halb eingegrabenen Räuber aus dem Stamm der Gliederfüßer, der auf Beute in seiner Reichweite wartet, um sie mit seinen Tentakeln zu fangen.

Die Tatsache, dass **wir durch dasselbe Organ, den Mund, atmen,**
mit dem wir auch Nahrung aufnehmen,
ist die Folge eines weit zurückliegenden **„Unfalls".**

Oben: Die Sterne der Spektralklasse F senden mehr blaues und ultraviolettes Licht aus als die Sonne. Eine Atmosphäre aus Sauerstoff könnte Ozon bilden, das in der Lage ist, die ultravioletten Strahlen zu absorbieren. In diesem Fall wäre das am Boden ankommende Licht eher bläulich. Als Antwort darauf würde das Leben eine Photosynthese entwickeln, die enorm viel blaues – und eventuell auch grünes – Licht absorbiert. In einer solchen Welt könnte man sich wandelndes pflanzliches Leben vorstellen, das durch die Winde und die atmosphärischen Strömungen bewegt würde. Diese großen Pflanzen könnten dicht über der Oberfläche schweben, um ein Maximum an Sonnenlicht aufnehmen zu können.

Selbst auf einem Planeten,
der ein exaktes Abbild der Erde ist,
wird man wahrscheinlich keine dominante Lebensform finden,
die dem Menschen hundertprozentig gleicht.

„Jetzt sehe ich“, unterbrach die Marquise, „wie **die Bewohner der Venus** beschaffen sind. Sie gleichen grenadischen Mohren; ein kleines schwarzes, sonnenverbranntes Volk, voller Geist und Feuer, immer verliebt, ein Volk, das Dichtung und Musik liebt, täglich Feste feiert, und Tänze und Turniere veranstaltet.“

[Fontanelle, *Dialoge über die Mehrheit der Welten*]

Gegenüber: Exobiologen befassen sich mit der Hypothese, ob auf der Oberfläche mancher Welten, die durch eine Atmosphäre aus Kohlenstoffdioxid beherrscht wird, halb-pflanzliches, halb-tierisches Leben möglich sei. Solche Lebewesen, deren Stoffwechsel Kohlendioxid verbrauchen würde, hätten nur eingeschränkte Beweglichkeit und würden ihre Nährstoffe über den Boden aufnehmen.

Oben: Auf dem wüstenähnlichen Boden dieses Planeten mit geringer Gravitation kann man die skeletthaften Überreste großer Lebewesen erkennen, deren Gliedmaßen an kräftige Strukturen für den Gleitflug erinnern. Die Überreste des Lebewesens, die man im Hintergrund sieht, lassen die Glieder erahnen, über die sich einst eine große Tragfläche für den Gleitflug spannen musste.

Oben: Diese kriechende, am Boden haftende Vegetation gedeiht auf einem Planeten mit starker Gravitation und einer sehr dichten, stark kohlenstoffgesättigten Atmosphäre. Die ultravioletten Strahlen der Sonne werden durch die dicke atmosphärische Schicht so stark gefiltert, dass diese Pflanzen Netze bilden und sich von den Mineralsalzen aus dem Boden ernähren können. Dank des Lichts, das sie aufnehmen, folgen diese Pflanzen dem normalen Zyklus der Photosynthese.

Gegenüber: Die seltsamen Ballons, die über dem Boden dieses Planeten schweben, sind Pflanzen. Ihre Außenhaut ist von Bakterien besiedelt, die – wie einige, die man auf der Erde kennt – die Fähigkeit haben, Wasserstoff, das leichteste Gas überhaupt, herzustellen. Sobald die Sonne scheint, erwärmt sich der Wasserstoff, die Hülle weitet sich, und die Ballons steigen langsam zum Himmel. Mit dem Boden sind sie durch einen langen flexiblen Stängel verbunden. Sie ernähren sich von Insekten, die auf der klebrigen Oberfläche ihrer Hülle haften bleiben. Abends kühlt der Wasserstoff ab, und die Pflanze sinkt sanft zu Boden.

Eines ist klar: Könnten die Zuhörer die Menge von Berichten verfolgen, die uns die mit den Untersuchungen betraute Gendarmerie liefert und die wir ausnahmslos an das staatliche Raumfahrtzentrum weiterleiten, würden sie erkennen, **dass dies alles ziemlich verwirrend ist.** Ich glaube, dass man gegenüber all diesen Dingen offen bleiben muss, dass man also nichts von vornherein für unmöglich halten darf. [...] Jegliche Entwicklung von Wissenschaft beruht nämlich darauf, irgendwann zu erkennen, dass man 50 Jahre zuvor nichts wusste und keine Ahnung von der Wirklichkeit der Phänomene hatte.

[Robert Galley, französischer Politiker]

Doppelseite 188 / 189: Auf einem kleinen jupiterähnlichen Planeten mit einer mehrere tausend Kilometer dicken Atmosphäre könnten die dominanten Arten aussehen wie fliegende Kraken, kopffüßige Weichtiere ohne Innen- oder Außenskelett. Aufgrund starker aufsteigender Luftströmungen, die die Atmosphäre in Bewegung halten, schweben sie in großer Höhe dahin. Man stellt sich vor, dass sich diese sehr geschickten Lebewesen fortbewegen, indem sie ihre Tentakeln als aerodynamische Gleitflächen einsetzen und gleichzeitig Gas ausstoßen. Die Entwicklung solcher fliegender Kopffüßerarten zu intelligenten Wesen könnte allerdings stark behindert werden durch ihre Unfähigkeit, auf eine vollständig fließende Umgebung ohne jegliche feste Struktur einzuwirken.

Epilog

Unser Universum nahm seinen geheimnisvollen Anfang durch eine ungeheure Explosion, den Urknall, dessen allgegenwärtiger, unauslöschlicher fossiler Spur man überall begegnet ... 13,7 Milliarden Jahre nach dem Beginn führten Beobachtungen der Raumsonden Cosmic Background Explorer (COBE) und Wilkinson Microwave Anisotropy Probe zu einer Quelle von Mikrowellen, die aus einer weit zurückliegenden Zeit stammt, etwa 350 000 Jahre nach dem Urknall: Das schwache Rauschen ist der geheimnisvolle Zeuge vom Beginn unserer Zeit. Etwas später sollte sich für einige hundert Millionen Jahre ein „dunkles Zeitalter" über diese neue Welt legen, bis die ersten Objekte das Universum erhellten. Astronomen können noch nicht mit Bestimmtheit sagen, ob die allerersten Objekte Sterne oder Quasare waren. Die ersten Sterne waren wesentlich massereicher und heller als irgendein Stern im heutigen Universum: Sie konnten eine Masse in der Größenordnung des Tausendfachen unserer Sonne erreichen. Diese Sterne schlossen sich zunächst zu Zwerggalaxien zusammen. Einige Milliarden Jahre nach dem Urknall verschmolzen diese kleinen zu großen Galaxien – darunter viele riesige Spiralgalaxien wie unsere Milchstraße. Im Lauf der Zeit wurden die Quasare schließlich die Zentren energiereicher Galaxien in den großen Weiten des Alls. Hat dieses unglaubliche Abenteuer einen Sinn? Seit seiner Entstehung, jener weit zurückliegenden Zeit, als jede Wirklichkeit auf einigen wenigen erstaunlich einfachen Elementen beruhte, hat das Universum eine unfassbare Komplexität erreicht. Diese lange und faszinierende Geschichte, die uns bisher nur einige verstreute Bruchteile enthüllte, führte allmählich zu einer Anordnung von Materie, die eines Tages schließlich zwangsläufig Leben entstehen ließ, das sich seiner selbst und des umgebenden Universums bewusst wurde. Wir sind nicht allein im Universum. Wir waren es nie. Denn von Anbeginn der Zeit lenkten mächtige universale Konstanten, geheimnisvolle physikalische Gesetze, die, wundersam und unausweichlich, in mathematischem Nebel verborgen blieben, die Materie in Richtung Leben. Wenn wir uns heute, 13 Milliarden Jahre nachdem alles begann, an der Oberfläche eines kleinen unbedeutenden Planeten befinden, der 30 000 Lichtjahre vom Zentrum der Galaxie entfernt ist, dann deshalb, weil es anscheinend vom Atom bis zum Stern eine rätselhafte Botschaft, ein wunderbares „kosmologisches Programm" gibt. Seine Bedeutung und Entwicklung werden wir wohl nie ganz verstehen.

Gegenüber: In dieser hypothetischen Welt herrschen Temperaturen, die für die Entwicklung von Leben deutlich zu niedrig sind. Dieser Planet ist weit entfernt von seiner Sonne, die wie ein einfacher Stern erscheint. In der Ebene erkennt man gefrorene Methanseen; hier hat es niemals Leben gegeben.

Seite 192: Hier sieht man dieselbe Welt, dasselbe Bergmassiv. Jedoch kreist sie nun viel zu nah um ihre Sonne, nur einige Millionen Kilometer vom Gestirn entfernt, das riesig am Horizont erscheint. Die Atmosphäre aus überhitztem Kohlendioxid enthält kein Wasser in flüssigem Zustand: Der Planet liegt außerhalb der bewohnbaren Zone und ist für das Leben ungeeignet.

Doppelseite 198 / 199: Derselbe Planet kreist nun in der „Ökosphäre", also in einer geeigneten, nicht lebensfeindlichen Entfernung zu seiner Sonne. Die Temperatur erlaubt nun Wasservorkommen in flüssigem Zustand; es konnte sich eine wassertrinkende Insektenart entwickeln.

Glossar

Akkretionsscheibe Scheibe aus Gas und Staub, die sich um entstehende und kompakte Sterne sowie einige >Schwarze Löcher und >Pulsare dreht. Das Gas wird von deren Gravitationsquelle angezogen, bewegt sich spiralförmig auf das Zentralobjekt zu, erwärmt sich durch Reibung und sendet schließlich >Röntgenstrahlen aus.

ALH 84001 Berühmter Marsmeteorit, der 1984 gefunden wurde. Forscher entdeckten 1996 in ihm die fossilen Spuren, die einer umstrittenen These zufolge Spuren fossiler Bakterien sein könnten.

Allgemeine Relativitätstheorie 1916 von Einstein in ihrer endgültigen Form formulierte Theorie, die die Spezielle Relativitätstheorie auf beschleunigte Bewegungen ausweitet. Sie führt automatisch zu einer neuen Gravitationstheorie, in der die Gravitation als Effekt der durch Materie und Energie bedingten >Raumzeitkrümmung interpretiert wird. Sie ist der Schlüssel zur modernen Kosmologie, bleibt aber eine klassische Theorie und muss mit der >Quantenmechanik in Einklang gebracht werden, um den Ursprung des beobachtbaren Universums deuten zu können, als es so groß war wie eine Planck-Länge.In diesem Fall wird dann von der >Quantengravitation gesprochen.

Alpha Centauri 4,3 Lichtjahre entferntes Dreifachsternsystem, bestehend aus Alpha Centauri A, Alpha Centauri B und >Proxima Centauri. Alpha Centauri A gehört der Spektralklasse G2 an und ist unserer Sonne sehr ähnlich.

Andromeda Große Spiralgalaxie in 2,36 >Lichtjahren Entfernung, die aus Hunderten Milliarden Sternen besteht. Wegen ihrer Nähe und der Ähnlichkeit mit der >Milchstraße, an die sie nahe herankommt, gilt sie als deren „Schwestergalaxie". Sie ist das entfernteste Objekt, das mit bloßem Auge noch sichtbar ist. In dem von Messier erstellten >Nebel-Katalog trägt sie die Bezeichnung M 31, in dem New General Catalogue die Bezeichnung NGC 224.

Anfangssingularität Singularität, die sich laut >Allgemeiner Relativitätstheorie in einem Punkt am Anfang des Universums befand.

Astronom Wissenschaftler, der auf die Beobachtung und Vermessung astronomischer und astrophysikalischer Erscheinungen spezialisiert ist. Der Astronom arbeitet mehr mit experimentellen als mit theoretischen Ansätzen, im Gegensatz zum >Astrophysiker.

Astronomische Einheit Eine AE entspricht dem mittleren Abstand zwischen Erde und Sonne, also 149,6 Millionen Kilometern. Sie dient zur Entfernungsangabe innerhalb des Sonnensystems und zur Definition der >Parallaxe von Sternen in der Umgebung dieses Systems.

Astrophysiker Das Arbeitsgebiet des Astrophysikers umfasst die Modellbildung und Anwendung physikalischer Gesetze zur Beschreibung der Gestirne und ihres Verhaltens.

Atom Grundbaustein der Materie. Es besteht aus einem Kern, in dem >Protonen und >Neutronen von >Elektronen umkreist werden. Atome gehorchen den Gesetzen der >Quantenmechanik. Sie schließen sich dank der elektrischen Eigenschaften der Elektronen zu >Molekülen zusammen. Die Dicke eines Haares entspricht einer Million aufeinandergeschichteter Atome.

Brauner Zwerg Stern mit sehr geringer Masse. Mit seiner Masse von 13 bis 75 Jupitermassen (0,012 bis 0,07 Sonnenmassen) zwischen 13 Jupitermassen und 0,07 Sonnenmassen ist er zu groß, um als Gasplanet zu gelten, aber auch zu klein, um so hell zu scheinen wie die anderen Sterne, abgesehen von einer kurzen Zeitspanne.

Cassini-Sonde Sonde, die von der >NASA mit dem >Huygens-Lander der europäischen Raumfahrtagentur >ESA ins All gebracht wurde, um Saturn mit seinen Ringen und Monden – vor allem den Saturnmond Titan – zu erforschen.
http://www.jpl.nasa.gov/multimedia/cassini-essay/index-flash.html
http://www.jpl.nasa.gov/multimedia/cassini-essay-4/index-flash.html

CMB > Cosmic Microwave Background = Kosmische Hintergrundstrahlung.

Dinosaurier Berühmte Reptilien, die sich von den meisten heute lebenden durch eine zusätzliche Schädelöffnung vor den Augenhöhlen unterscheiden. Sie traten vor 235 Millionen Jahren auf und starben vor 65 Millionen Jahren aus
http://www.dinosaurier-interesse.de

DNS (Desoxyribonukleinsäure) Die DNS besteht aus kleinen, als Nukleotiden bezeichneten Einheiten: einem Zuckermolekül und einem Phosphatmolekül auf einer stickstoffhaltigen Nukleinbase. Jedes Nukleotid eines Strangs ist mit einem Nukleotiden des anderen Strangs verbunden. Die Aneinanderreihung dieser Paare ergibt die typische Verknüpfung der Doppelhelix. Die DNS ist Träger der Erbinformation von Lebewesen.

Dunkle Materie Anders als gewöhnliche Materie sendet Dunkle Materie kein Licht aus, daher ihr Name und die Schwierigkeit, sie zu entdecken. Sie soll Aufschluss darüber geben, wie sich >Galaxien bilden, und die unnatürlich hohe Geschwindigkeit der Sterne in deren Innern erklären. Im August 2006 kündigte die >NASA an, mit der Untersuchung des >Galaxienhaufens 1E0657-56 habe sie den Beweis ihrer Existenz erbracht. Man weiß zwar noch nicht, woher die Teilchen stammen, aus denen sich die Dunkle Materie bildet. Eine ernsthafte Hypothese geht jedoch von >supersymmetrischen Elementarteilchen, den Neutralinos, aus. http://www.astro.uni-bonn.de

Einstein, Albert (1879–1955) Deutscher Physiker (später in der Schweiz und den USA eingebürgert). Er gilt als einer der größten Wissenschaftler aller Zeiten. Einstein ist der Vater der Speziellen und der >Allgemeinen Relativitätstheorie. Im Jahr 1921 erhielt er den Nobelpreis für Physik; er ist einer der Vorreiter der >Quantenmechanik und der heutigen Kosmologie.

Elektron Das erste >Elementarteilchen, 1897 entdeckt. Elektronen – deren elektrische Ladung negativ ist – kreisen um einen Atomkern.

Elementarteilchen Grundlegendes und unteilbares Teilchen sowie Ursprung aller Materie und aller Kräfte.
http://www.quantenwelt.de/elementar

ESA Die *European Space Agency* oder *Europäische Raumfahrtorganisation* wurde 1975 gegründet und koordiniert die Raumfahrtprojekte von 17 europäischen Ländern.
http://www.esa.int

Europa Jupitermond, mit Packeis bedeckt, unter dem sich ein Ozean aus flüssigem Wasser befindet. Vielleicht gibt es dort Leben, wie es Arthur C. Clarke in seinem Roman *2010* beschreibt. Der Link (siehe unten) führt zu vielen >**NASA**-Fotos seiner Oberfläche, die von der Raumsonde >**Galileo** aufgenommen wurden: http://neunplaneten.de/nineplanets/europa.html

Exobiologe Wissenschaftler, der die Bedingungen für das Auftreten und die Entwicklung von Leben im Universum fachübergreifend erfo`scht, indem er sich auf die Biologie, die Chemie und die Astrophysik stützt.

Exoplaneten Planeten, die andere Sonnen als die unsrige umkreisen. http://www.exoplaneten.de

Extremophile Organismen Organismen, die nur unter extremen Bedingungen leben können, die für andere Lebewesen tödlich sind. So können zum Beispiel die Bakterien aus hydrothermalen Quellen Temperaturen von über 100 °C ertragen und in einer sehr säurehaltigen Umgebung überleben.

Feld Physikalische Größe für einen Raumpunkt. Beispiele: die Stärke der Gravitationskraft eines Planeten auf alle Punkte um ihn herum oder die Temperatur und der Druck auf der Erdoberfläche.

Galaktische Ebene Ebene, die durch die Scheibe unserer >**Galaxie** definiert wird.

Galaxien Riesige Systeme aus Gas, Staub, Plasma, vor allem aus Sternen und >**Dunkler Materie**, verbunden durch die Gravitation einer zentralen Masse. Galaxien können aus einigen Dutzend Millionen bis zu Hunderten Milliarden Sternen bestehen. >**Hubble** schlug eine Einteilung in drei große Gruppen vor: elliptische Galaxien, Spiralgalaxien und Irreguläre Galaxien.

Galaxienhaufen >**Galaxien**, einschließlich unserer Galaxis, gruppieren sich in verschiedenen in Haufen. Diese Haufen bestehen aus mehreren hundert bis mehreren tausend unterschiedlichen Galaxien, die in eine sehr heiße Gaswolke eingebettet sind, die >**Röntgenstrahlen** aussendet. Die Masse dieser Haufen könnte hauptsächlich aus >**Dunkler Materie** bestehen.

Galaxiensuperhaufen Ansammlung von >**Galaxienhaufen**, die sich über hunderte Millionen >**Lichtjahre** erstrecken kann.

Galileo (Sonde) Raumsonde der >**NASA**, benannt nach dem Physiker und >**Astronomen** Galileo Galilei. Ihr Ziel seit 1989: Erforschung des Jupiters und seiner vielen Monde. 1995 trennte sich ihre Tochtersonde vom Mutterschiff, um die Atmosphäre dieses riesigen Planeten vor ihrem endgültigen Absturz zu ergründen. Die Galileo-Sonde selbst verglühte in der Atmosphäre des Jupiters im Jahr 2003. Bilder und Videos dieser Mission sind zu sehen unter:
http://galileo.jpl.nasa.gov/gallery/index.cfm
http://jpl.nasa.gov/galileo

Gammastrahlung Elektromagnetische Strahlung, deren Wellenlänge unter 5 Nanometern liegt. Durch ihre hohe Energie kann sie zu Verbrennungen führen und das Erbgut schädigen. Sie kommt in allen Kernreaktionen vor.

Gliese 581 Name eines Sterns der Spektralklasse M (Roter Zwerg), um den drei Planeten kreisen. Dieser Stern ist 20,5 Lichtjahre von der Erde entfernt.

Gliese 581c Name des ersten kleinen festen Planeten, der um den Roten Zwerg Gliese 581 kreist. Exobiologen glauben, dieser Planet könne mehrere Voraussetzungen für das Auftreten von Leben erfüllen.

Hawking, Stephen (geb. 1942) Theoretischer Physiker und Kosmologe aus Großbritannien. Er ist heute vollständig gelähmt und bedient sich zur verbalen Kommunikation eines Sprachcomputers. Sein internationales Ansehen verdankt der brillante Wissenschaftler ebenso seinen herausragenden Arbeiten über die >**Schwarzen Löcher**, die >**Singularitäten** und die Theorien darüber wie seinem unerschütterlichen Lebensmut, mit dem er sich der grausamen degenerativen Krankheit stellt, die sein motorisches Nervensystem zerstört. Er hat insbesondere mithilfe von Quantenprozessen die Theorie über die Verdampfung entwickelt. Zusammen mit James Hartle entstand das Modell eines unendlichen Universums, in dem er den Begriff der imaginären Zeit am Anfang des Universums einführte. http://de.www.wikipedia.org

HD 209458 Riesensonne, um die der >**Exoplanet** Osiris bzw. HD 209458b kreist, der im Sternbild Pegasus 150 >**Lichtjahre** von uns entfernt entdeckt wurde.

Hertzsprung-Russell-Diagramm Von den >**Astronomen** Hertzsprung und Russell unabhängig voneinander entwickeltes Diagramm. Die Sterne sind darin als Funktion ihrer Oberflächentemperatur (x-Achse) und ihrer Leuchtkraft (y-Achse) dargestellt. Die Verteilung der Sterne ist nicht zufällig. Man erkennt ein diagonales Band – die Hauptreihe –, auf dem sich die meisten Sterne befinden. Dort verbringen die Sterne nach der Theorie der stellaren Evolution den Großteil ihrer Lebensdauer.

Hubble, Edwin (1889–1953) Amerikanischer Astronom des 20. Jahrhunderts. 1924 bewies er, dass bestimmte >**Nebel** tatsächlich >**Galaxien** außerhalb der unseren sind, und erstellte deren Klassifikation. Vor allem jedoch bewies er die Expansion des Universums, indem er die Spektralverschiebung der >**Galaxienhaufen** in Richtung Rot verfolgte. Er formulierte ein Gesetz, das die Entfernung d und die Fluchtgeschwindigkeit v der Spektralverschiebung miteinander verknüpft. Daraus entsteht die Formel $v = Hd$, wobei H die berühmte Hubble-Konstante ist. Ein Weltraum-Teleskop trägt seinen Namen (>**Hubble-Weltraum-Teleskop**).

Hubble-Weltraum-Teleskop Großes Weltraum-Teleskop, das die >**NASA** 1990 ins All brachte. Es dient zur Beobachtung ferner Galaxien in der Frühphase des Kosmos und zur Bestimmung des Alters des Universums in Verbindung mit der Hubble-Konstante. Es wurde nach Edwin >**Hubble** benannt und hat unsere Vorstellung vom Universum revolutioniert.
http://hubblesite.org/

Huygens (Sonde) Dieser Lander der >**Cassini-Sonde** landete am 14. Januar 2005 auf dem Saturnmond Titan.

Hypernova Unglaublich energiereiche Supernova, die dann entsteht, wenn sehr massereiche Sterne kollabieren. Sie haben nur eine kurze Lebensdauer und kollabieren zu einem >**Schwarzen Loch**, während gleichzeitig intensive >**Gammastrahlen**, die auch als „Gamma ray burst" oder Gammablitze bezeichnet werden, abgegeben werden.

Infrarotstrahlung Elektromagnetische Strahlung, deren Wellenlänge zwischen 800 und 1400 Nanometer liegt. Wärmestrahlung.

Io. Jupitermond mit extremem Vulkanismus.
http://www.neunplaneten.de/nineplanets/io.html

Jährliche Parallaxe. Winkel, unter dem die große Halbachse der Erdbahn von einem Stern aus zu sehen wäre.

Kosmische Hintergrundstrahlung Strahlung aus den ältesten >**Photonen** des Universums, zu der Zeit, als wegen dessen eingeschränkter Dichte Licht aus der Materie austreten und sich ausbreiten konnte. Dies geschah etwa 380 000 Jahre nach dem >**Urknall**. Die Temperatur der Hintergrundstrahlung liegt heute bei nur noch 2,7 Kelvin.

Kosmische Strahlung Materie- und Antimaterieteilchen bombardieren die Erde vom Weltall aus. In der kosmischen Strahlung finden sich beispielsweise >**Protonen**, ihre Antiteilchen (die Antiprotonen) sowie >**Atom**kerne. Diese Strahlung kommt aus der Sonne, aber auch aus entfernten Regionen der >**Galaxie** und sogar von noch weiter entfernten Regionen. Man nimmt an, dass es einen Zusammenhang zu den >**Supernovae** und sogar zu den massereichen >**Schwarzen Löchern** gibt.

Kosmologische Konstante Willkürliche Konstante, die >**Einstein** in den Feldgleichungen der >**Allgemeinen Relativitätstheorie** einführte, um das Modell eines statischen Universums zu erhalten. Sie wurde 1929 aufgegeben, als >**Hubble** den Beweis erbrachte, dass sich das Universum ausdehnt. Heute wird sie jedoch wieder verwendet, um die Beschleunigung dieser Expansion des Universums (durch Beobachtung der >**Supernova** SNI) oder auch die Energie des Vakuums zu erklären.

Krümmungsradius Maß zur Messung der Krümmung einer Oberfläche. Der Kehrwert der Krümmung wird als Krümmungsradius bezeichnet. Eine Sphäre besitzt einen Krümmungsradius, der exakt ihrem Radius entspricht. Je größer eine Sphäre ist, desto mehr ist sie lokal vergleichbar mit einer ebenen Oberfläche. Wenn der Radius gegen unendlich tendiert, tendiert seine Krümmung gegen null.

Kuiper-Gürtel Region, die sich jenseits der Neptunbahn 30 bis 50 AE von der Sonne entfernt erstreckt. Er wurde 1951 von Gerard Kuiper postuliert, der den Ursprung von Kometen mit kurzen Umlaufzeiten zu erklären versuchte. Er enthält kleine Himmelskörper und Zwergplaneten wie den Planetoiden Eris, jenseits des Pluto.

Lichtjahr Entfernung, die ein Lichtstrahl in einem Jahr zurücklegt, nämlich 9460,5 Milliarden Kilometer.

Magnetar >**Neutronenstern** mit besonders starkem Magnetfeld. Er gibt energiereiche elektromagnetische Strahlung wie >**Röntgenstrahlung** oder >**Gammastrahlung** ab.

Mars Der vierte Planet des Sonnensystems ist nach Merkur der zweitkleinste. Wegen seiner roten Färbung, die an blutige Schlachten erinnert, ist er nach dem römischen Kriegsgott benannt. Seine eigentümliche Verwandtschaft zur Erde rief die Hoffnung hervor, dort auf Formen des Lebens zu stoßen, die jedoch immer wieder enttäuscht wurden.
http://www.neunplaneten.de/nineplanets/mars.html

Mayor, Michel (geb. 1942) Schweizer >**Astrophysiker**, Mitglied des Observatoriums in Genf. 1995 entdeckte er mit seinem Doktoranden Didier >**Queloz** den ersten Exoplaneten, 51 Pegasi b.

Milchstraße Bezeichnung (analog zum altgriechischen Begriff *galaxis*) für das zarte Sternenband, das man mit bloßem Auge am Himmelsgewölbe sehen kann. Dieses milchfarbene Sternenband erlaubt einen Blick in das Innere unserer >**Galaxie**, deren Spiralstruktur mit der >**Andromedas** vergleichbar ist.

Molekül Verbindung von >**Atomen**. Wasser besteht beispielsweise aus H_2O-Molekülen.

NASA Die amerikanische Entsprechung der europäischen >**ESA**, die *National Aeronautics and Space Administration*, ist eine Regierungsbehörde, die das Raumfahrtprogramm der Vereinigten Staaten leitet. Sie wurde im Juli 1958 gegründet, um beim Wettlauf zum Mond mit der Sowjetunion konkurrieren zu können.
http:/www.nasa.gov

Nebel Bezeichnete ursprünglich nicht scharf umgrenzte Gebilde, die mit dem Teleskop zu sehen und keine Sterne sind. Dank der Beobachtungen von >**Hubble** weiß man heute, dass es sich teils um riesige Wolken aus Gas und Staubpartikeln, teils um >**Galaxien** handelt, die der unseren gleichen, jedoch Millionen Lichtjahre entfernt sind.

Neutron Neutrales Teilchen, das sich bei der Bildung von >**Atom**kernen mit den >**Protonen** verbindet und somit an Kernreaktionen beteiligt ist. Es besteht aus drei >**Quarks**: zwei Downquarks und einem Upquark.

Neutronenstern Sehr dichter Stern, dessen Masse mit der unserer Sonne vergleichbar ist und der hauptsächlich aus >**Neutronen** besteht. Der Durchmesser eines Neutronensterns beträgt nur einige Dutzend Kilometer.
http://www.astro.umd.edu/~miller/nstar.html

Ogle 2005 BLG 390Lb Vielleicht der erste terrestrische (d. h. feste) >**Exoplanet**, wurde 2005 entdeckt. Die anderen registrierten Exoplaneten sind gasförmige Riesen. Kreist um einen >**Roten Zwerg**, der sich vor Jupiter befindet.

Opportunity Fahrzeug der >**NASA**, das seit 2004 mit der Schwestersonde >**Spirit** die Oberfläche des >**Mars** abtastet und untersucht. Die Mission der beiden Roboter, die bereits länger dauert als von den Ingenieuren geplant, ist eine der gelungensten NASA-Missionen.

Parsec Astronomische Maßeinheit: 3,2615 >**Lichtjahre**. Jenseits des Sonnensystems werden Distanzen in Megaparsecs gemessen. Ein Megaparsec entspricht einer Million Parsec (Mpc). Die Hubble-Konstante wird häufig in dieser Einheit angegeben.

Photon Energiebündel, dem Licht in der >**Quantenmechanik** zugehörig und Überträger der elektrischen Kraft zwischen geladenen Teilchen. Das Photon zählt zu den Elementarteilchen.

Planck Surveyor Mission der >**ESA**, die nach dem Entdecker des Planck'schen Strahlungsgesetzes benannt ist. Der Satellit mit einem unvergleichlich präzisen Teleskop soll die ursprüngliche Hintergrundstrahlung analysieren. Möglicherweise wird er die Kosmologie revolutionieren, insbesondere, falls er Beweise für die Inflationstheorie liefert.
http://sci.esa.int/science-e/www/area/index.cfm/fareaid=17

Planck-Temperatur Maximaltemperatur auf der Planck-Skala. Die Planck-Temperatur entspricht der Temperatur des Universums zum Zeitpunkt des >**Urknalls** und beträgt 10^{32} Kelvin.

Prokyon Hellster Stern im Sternbild Kleiner Hund. Das Doppelsternsystem, das 11,4 >**Lichtjahre** von der Erde entfernt ist, besteht aus einem Hauptgestirn, Prokyon A, und einem >**Weißen Zwerg**, Prokyon B.

Proton Elementarer Bestandteil des Atomkerns. Wie das >**Elektron** ist es ein – allerdings positiv – geladenes Teilchen. Es ist 1836-mal so schwer wie ein Elektron und besteht aus drei >**Quarks**: zwei Upquarks und einem Downquark.

Proxima Centauri >**Roter Zwerg**, dessen Masse einem Siebtel der Sonnenmasse entspricht. Er befindet sich im Sternbild Zentaur, 4 22 >**Lichtjahre** von der Sonne entfernt, und ist der Stern, der ihr am nächsten ist. Mit >**Alpha Centauri** A und Alpha Centauri B bildet er ein Dreisternsystem.

Pulsar Der Begriff ist eine Abkürzung von *pulsating radio star* (pulsierender Radiostern). Die 1967 von Jocelyn Bells und Antony Hewishs mithilfe eines Radioteleskops entdeckten Pulsare sind stark magnetische >**Neutronensterne**, die sich schnell um sich selbst drehen und dabei Licht in elektromagnetischen Wellen abgeben wie eine Art Scheinwerfer.

Quantenmechanik Grundlegende Theorie über das Verhalten von Materie und Licht in unendlich kleinen Größen. Sie wurde bei der Erforschung der >**Atome** und ihrer Lichtemissionen entwickelt. In der Quantenmechanik finden Phänomene nicht deterministisch statt, sondern haben mehrere Möglichkeiten, sich zu verwirklichen.

Quark Der Begriff ist dem Roman *Finnegans Wake* von James Joyce entnommen. Ein Quark ist ein >**Elementarteilchen**, das der starken Kernkraft in den >**Protonen** und den >**Neutronen** unterliegt. Es gibt verschiedene Arten von Quarks.

Quasar Abkürzung von *QUAsi StellAR astronomical >radiosource* (quasistellare Radioquelle). Diese Objekte, die im Allgemeinen über eine Milliarde >**Lichtjahre** von unserer >**Galaxie** entfernt sind, wurden zunächst für sternähliche Objekte gehalten. Ihre Radiowellen setzen sagenhafte Energiemengen frei: 100 Milliarden mehr als unsere Sonne! Es könnte sich bei diesen Objekten um Phänomene handeln, die durch extrem massereiche >**Schwarze Löcher** im Zentrum alter Galaxien entstehen.

Queloz, Didier (geb. 1966) Als Doktorand entdeckte er 1995 gemeinsam mit Michel >**Mayor** den um 51 Pegasi kreisenden Exoplaneten Pegasus 51b.

Radiosource Astronomisches Objekt, das Radiowellen aussendet, wie >**Quasare** und >**Pulsare**.

Raumzeit Ein im Jahr 1908 von Minkowski eingeführter Begriff, um die Koordinaten Raum und Zeit in ein und derselben geometrischen Struktur zu vereinen. Diese Geometrie erlaubte die Ausführung von Rotationsbewegungen, in denen sich Zeit und Raum vermischen, während in der klassischen Theorie von Raum und Zeit nur Rotationen im Raum möglich sind.

Röntgenstrahlung Elektromagnetische Strahlung mit einer Wellenlänge unter 100 Nanometer. Die Abgrenzung zwischen Röntgenstrahlung und >**Gammastrahlung** ist nicht immer eindeutig.

Roter Zwerg Stern geringer Masse (zwischen dem 0,08-Fachen und dem 0,33-Fachen der Sonnenmasse). Rote Zwerge leuchten schwach, verbrennen nur Wasserstoff und haben eine Lebensdauer, die zwischen einigen Dutzend und tausend Milliarden Jahren liegt. Ein Großteil der Sterne im Universum sollen Rote Zwerge sein. Das bekannteste Beispiel ist >**Proxima Centauri**.

Sagan, Carl (1934–1996) Amerikanischer >**Astronom**. Begründer der Exobiologie und, zusammen mit einigen anderen Astrophysikern, Begründer des >**SETI**-Programms. Carl Sagan war an mehreren Missionen der >**NASA** zur Erforschung des Sonnensystems beteiligt. Durch seine Bemühungen, die Astronomie – insbesondere mit seiner Fernsehserie *Cosmos* – einem breiten Publikum zugänglich zu machen, wurde er international bekannt.

Schwarzer Zwerg Hypothetischer Endzustand Weißer Zwerge, wenn ihre Temperatur gesunken ist und sie praktisch nicht mehr strahlen.

Schwarzes Loch Am Ende seines Lebens fällt ein massiver Stern in sich selbst zusammen und wird so dicht, dass sein Gravitationsfeld die Freisetzung von Licht verhindert. Der Stern verwandelt sich in ein Schwarzes Loch. Diese Definition berücksichtigt weder die Masse des Himmelsobjekts noch die Tatsache, dass eine >**Singularität** in seinem Zentrum entstehen kann, wo sich seine gesamte Masse konzentrieren würde. Die Existenz Schwarzer Löcher im Zentrum von >**Galaxien** ist heute bewiesen, und ihr Auftreten beim Zusammenfallen von massiven Sternen durch Beobachtungen ausreichend bestätigt. Stephen >**Hawking** nimmt an, dass sich beim Urknall Schwarze Minilöcher bildeten. Diese wurden jedoch noch nicht beobachtet.

SETI (Search for ExtraTerrestrial Intelligence) Programm zur Himmelsbeobachtung durch Radioteleskope, die elektromagnetische Wellen aus unterschiedlichen stellaren Regionen auffangen, die Quelle potenzieller „intelligenter" Signale sein könnten.

Silikate Chemische Verbindungen, deren Formel sich aus der von Silizium (SiO_2) ableitet. Sie sind in den meisten irdischen Mineralien enthalten und treten zudem in sehr großen Mengen in interstellaren Staubwolken auf.

Singularitäten Punkte der >**Raumzeit**, in denen Krümmung, Dichte der Materie und deren Temperatur unendlich werden. Nach der >**Allgemeinen Relativitätstheorie** liegen sie im Innern >**Schwarzer Löcher** und zu Beginn des Universums vor. Man vermutet, dass die Quantengravitation sie auslöscht oder „reguliert".

Sirius B >**Weißer Zwerg** in einer Entfernung von 8,6 >**Lichtjahren**, der mit Sirius ein Doppelsternsystem bildet. Dieser Stern ist der hellste unseres Sternenhimmels.

Spirit >**Opportunity**.

Spitzer-Weltraum-Teleskop Größtes Infrarotteleskop. Seine Wellenlänge eignet sich besonders zur Durchdringung von Molekularwolken, in deren Innerem Sterne entstehen, sowie dazu, die Entstehung von Planetensystemen zu suchen. Es wurde 2003 von der >**NASA** ins All gebracht und befindet sich auf einer heliozentrischen, der Erdbahn folgenden Umlaufbahn in der Dunkelzone der Erde. Es trägt den Namen des >**Astronomen**, der das >**Hubble-Weltraum-Teleskop** konzipiert hat.
http://www.spitzer.caltech.edu/Media/mediaimages/index.shtml
http://www.jpl.nasa.gov/multimedia/spitzer-2005/index-flash.html

Supergravitation Hypothetische Ausweitung der >**Allgemeinen Relativitätstheorie** von Albert >**Einstein**, die von den Gleichungen der >**Supersymmetrie** ausgeht. Die Supergravitation könnte eine Lösung für die Probleme der Quantengravitation liefern.

Supernova Nach ihrem Spektrum werden die Supernovae zwei Arten, SNI und SNII, zugeordnet. Diese gewaltigen Sternexplosionen setzen innerhalb weniger Tage so viel Energie frei wie die Sonne in einer Milliarde Jahren. Sie erzeugen Reste heißer Gase, die >**Nebel**. Was im Innern des Sterns übrig bleibt, wird zum >**Neutronenstern**, manchmal auch zum >**Schwarzen Loch**. Der Mechanismus der Explosion ist noch nicht vollständig geklärt, allerdings dürften Neutrinos dabei eine beachtliche Rolle spielen. Eine von zehn Supernovae bringt einen >**Magnetar** hervor.

Supersymmetrie Mathematische Struktur, die die Vereinigung von Fermionen (Materieteilchen) und Bosonen (Kraftträgerteilchen) ermöglicht. Diese noch spekulative Theorie könnte in den kommenden Jahren mithilfe von Teilchenbeschleunigern wie dem *Large Hadron Collider* (großer Hadronen-Speicherring) in Genf experimentell überprüft werden. Die Supersymmetrie könnte Ursache für die >**Dunkle Materie** und die Hubble-Konstante sein.

Tau Ceti Orangefarbener Stern in einer Entfernung von 11,89 >**Lichtjahren** im Sternbild Walfisch. Obwohl er der Sonne gleicht und oft in Science-Fiction-Werken vorkommt, scheint sein System, das von vielen Asteroiden und Kometen gekreuzt wird, die Bedingungen für das Auftreten von Leben auf einem >**Exoplaneten** nicht zu erfüllen.

Urknall Aus der von Edwin Hubble entdeckten Flucht der Spiralnebel lässt sich zurückrechnen, wann sie alle einmal vereint waren. Das war vor rund 14 Milliarden Jahren. Dieser Zeitpunkt markiert gleichzeitig den Beginn unseres Universums, eine gewaltige Explosion des „Urstoffs", den Großen Knall, den so genannten *Urknall* oder *Big Bang*.

UV-Strahlung Elektromagnetische Strahlung, deren Wellenlänge zwischen 100 und 400 Nanometer liegt, also zwischen dem Sichtbaren und der >**Röntgenstrahlung**.

Venus Dieser Planet wird manchmal als „Schwesterplanet" der Erde bezeichnet, da Masse und Durchmesser vergleichbar sind. Es handelt sich aber um eine wahre Gluthölle, die „nur" 108 Millionen Kilometern von der Sonne entfernt ist. Die Oberflächentemperatur kann 470 °C erreichen (bei dieser Temperatur ist Blei flüssig) und der Druck der Atmosphäre ist 90-mal so hoch wie der der Erdatmosphäre.
http://rst.gsfc.nasa.gov/Sect19/Sect19_7.html

Vidal-Madjar, Alfred (geb. 1942) Französischer >**Astrophysiker**. Im Jahr 2003 bewies er mit seinem Team vom Pariser Institut für Astrophysik, dass die Exosphäre des >**Exoplaneten** Osiris in einem riesigen Gasgemisch verdampfen wird.

Virgo HI21 Vermutlich die erste Dunkle >**Galaxie**, die man entdeckte. Sie besteht hauptsächlich aus >**Dunkler Materie**.

Weißer Zwerg Stern mit weniger Masse als die Sonne, der seine Kernenergie verbraucht hat. Unsere Sonne wird eines Tages zu einem Weißen Zwerg werden. Da sie dabei in sich zusammenstürzt, wird sie dann etwa so groß sein wie die Erde.

WMAP *Wilkinson Microwave Anisotropy Probe.* 2001 von der NASA gestartete Raumsonde. Dieses nach dem >**Astrophysiker** David Wilkinson benannte Teleskop, das um die Sonne kreist, analysierte Temperaturschwankungen der >**Kosmischen Hintergrundstrahlung**. Diese Mission, die in der spezialisierten wissenschaftlichen Fachliteratur am häufigsten zitiert wird, machte es möglich, Alter, Form und materielle Zusammensetzung des Universums erstaunlich präzise zu bestimmen. Dieses ist demnach 13,7 Milliarden Jahre alt und scheint überwiegend aus Dunkler Energie (72 %) und >**Dunkler Materie** (22 %) zu bestehen.

BILDNACHWEIS

© Andrew Syred/S.P.L.: S. 77
© BBC Framwork: S. 46–47, 168, 169 (oben links, oben rechts, unten links und unten rechts)
© Big Wave Production/S.P.L.: S 164–165
© BIOS/Bayle Philippe: S. 75 (oben links)
© BIOS/Bily Guillaume: S. 33 (oben rechts)
© BIOS/Compost Alain: S. 172 (oben rechts)
© BIOS/Conchon Laurent: S. 50 (unten rechts)
© BIOS/Curtis H.: S. 26–27
© BIOS/Dani Carlo & Jeske Ingrid: S. 68
© BIOS/Decobecq Dominique: S. 140
© BIOS/Deeble-Stone/OSF: S. 172 (oben links)
© BIOS/Muller Fred: S. 75 (oben rechts)
© BIOS/Parker Edward/OSF: S. 49
© BIOS/Plage Mary/OSF: S. 49
© BIOS/Schulz Gerhard: S. 22
© BIOS/Smith K./OSF: S. 72 (oben rechts und unten links)
© BIOS/Willocx Hugo/Wildlife Pictures: S. 172 (unten rechs)
© BSIP/Andrew J. Martinez: S. 172 (unten links)
© BSIP/OSF/P. de Oliveira: S. 51 (unten rechts)
© Charlatte Laurent: S. 33 (oben links), 61, 97, 107, 110, 125 (oben links und oben rechts), 138–139, 146, 150, 151, 161 (unten), 180–181, 182–183, 184, 185, 186, 187, 190, 192, 198–199
© Dan Leger Studios: S. 33 (unten links), 40–41, 51 (unten links), 71 (oben links, oben rechts, unten links und unten rechts), 72 (oben links und unten rechts), 73, 78 (oben links und oben rechts), 80–81, 162–163
© Donovan Production: S. 181 (unten)
© Lynette Cook: S. 54
© Lynette Cook/S.P.L./COSMOS: S. 4
© NASA: S. 12 (oben und unten), 12–13, 132
© NASA/JPL: S. 8, 11 (oben und unten), 24, 38–39, 100, 103, 104, 112–113, 114, 131 (oben), 136–137, 154, 157, 160, 181 (oben)
© NASA/JPL/Caltech: S. 65, 89, 148–149
© NASA/JPL/HUBBLE SPACE TELESCOPE: S. 2, 133
© NASA/JPL/Shaller: S. 18–19
© NASA/JPL/Spitzer: S. 34, 36–37, 86, 88, 92 (oben links, oben rechts und unten), 93, 94 (oben und unten), 108–109
© NASA/S.P.L.: S. 14
© NASA/S.P.L./COSMOS: S. 15
© NASA/Unimich: S. 75 (unten rechts)
© O.M.B.L./S.P.L./COSMOS: S. 57
© Patrice London: S. 74, 75 (unten links), 78 (unten rechts), 125 (unten links und unten rechts), 161 (oben)
© Paul Starosta: S. 42, 44–45, 171
© Philippe Coudroy: S. 50 (oben links, oben rechts und unten links), 76
© Photos 12.com/Collection Cinéma: S. 166
© Ron Miller: S. 6–7, 17, 20–21, 25, 30–31, 58–59, 82–83, 84–85, 98–99, 126, 127, 129, 130–131, 134, 142, 143, 145, 152–153, 174–175, 178–179, 188–189
© SpaceArt Lab: S. 28–29, 52–53, 60, 62–63, 90–91, 116–117, 119, 120, 121, 122–123, 124, 131 (unten), 158–159, 176
© WP Inc.: S. 33 (unten rechts)
© W. Porter: S. 51 (oben links und oben rechts), 78 (unten links)

Danksagung des Verlags und der Autoren

Für die deutsche Ausgabe gilt der Dank des Verlags an erster Stelle Herrn Dr. Joachim Bublath für sein Vorwort.
Der gemeinsame Dank der Autoren und des Verlags gilt allen, die zum Entstehen dieses Werkes beigetragen haben: dem Gedankenaustausch mit Gérard Klein, einem Meister auf dem Gebiet der Sterne, der schon einige Zeit zurückliegt. Mit ihm und anderen „Meistern der Dimensionen" wie Arthur C. Clarke, der uns nächtelang von den Bewohnern anderer Welten erzählte, Frank Herbert oder Ray Bradbury, dem unvergesslichen Träumer der *Marschroniken*, hat das Leben auf anderen Welten einen Sinn gefunden. Zur Zeit der Ausstrahlung der TV-Serie *Temps X* kreuzten andere unseren Weg, die ebenfalls auf der Suche nach dem Unmöglichen waren und uns ein vages Bild von Bewohnern anderer Welten vermittelten: Alfred Van Vogt, Jack Williamson, Philip Jose Farmer, Poul Anderson, Philip K. Dick oder George Lucas. Jeder von ihnen machte uns auf seine Weise bewusst, dass wir nicht allein im Universum sind. Jean Heidman oder Carl Sagan sagten uns dasselbe mit anderen Worten. Schließlich gilt unser Dank aber auch all denen, die ganz in unserer Nähe dafür sorgten, dass dieses Buch geschrieben wurde. Durch den einen oder anderen Ratschlag, dank einer einfachen Unterhaltung, manchmal auch nur einiger Sätze, bei der Betrachtung eines Bilds, durch manchmal unvorhergesehene Veränderungen von Erkenntnissen wurde dieses Buch über das Leben in anderen Welten nach und nach Wirklichkeit. All denen, die uns ihre Unterstützung, Hilfe und ihr Vertrauen geschenkt haben, sei herzlich gedankt: Mica Jovanovic, „our brother in the singleship", Pierre Anglès, Ark Jadczyk und Lubos Motl; all denen auch, die uns an ihren Visionen von anderen Welten teilhaben ließen: Ron Miller, Alex, Laurent Charlatte, Philippe Coudroy, Daniel Leger und all den Genies der NASA; und schließlich Odile Perrard, die uns – Seite für Seite – dabei half, dieses Buch zusammenzustellen.

Bibliografische Information der Deutschen Nationalbibliothek
Die Deutsche Nationalbibliothek verzeichnet diese Publikat on
in der Deutschen Nationalbibliografie; detaillierte bibliografische Daten
sind im Internet über http://dnb.d-nb.de abrufbar.

Umschlaggestaltung: Stefan Schmid, Stuttgart
Französische Originalausgabe:
Nous ne sommes pas seuls dans l'univers

Deutschsprachige Ausgabe:

Die Herausgabe des Werkes wurde durch die
Vereinsmitglieder der WBG ermöglicht.

Übersetzung: AMS / Sabine Grimm
Lektorat: AMS Autoren- und Medienservice Scharnagl, Reute
Satz: AMS / Layoutsatz Kendlinger
Fachliche Beratung: Alexander Kerste, Heilbronn
ISBN 978-3-8062-2249-4

Besuchen Sie uns im Internet: www.theiss.de